BIOLOGÍA
MOLECULAR Y CELULAR
PROTEÓMICA

BiOLOGÍA MOLECULAR Y CELULAR
PROTEÓMiCA

EDITORES

JUAN PERAGÓN SÁNCHEZ
ANTONIO SÁNCHEZ POZO

CiENCiAS EXPERiMENTALES Y DE LA SALUD
AVANCES RECiENTES

UJa
EDITORIAL

Biología molecular y celular : Proteómica / Juan Peragón Sánchez , Antonio Sánchez Pozo (Eds.) -- Jaén : Universidad de Jaén, UJA Editorial, 2025.

150 p.. ; 17x24 cm. - (Ciencias Experimentales y de la Salud. Avances Recientes ; 6)

ISBN 978-84-9159-675-2

1. Biología molecular 2. Proteómica I. Peragón Sánchez, Juan, ed.lit. II. Sánchez Pozo, Antonio, ed.lit. III.Jaén. Universidad de Jaén. UJA Editorial ed.

577.112

Esta obra ha superado la fase previa de evaluación externa realizada por pares mediante el sistema de doble ciego

Colección: Ciencias experimentales y de la salud
Directora: M.ª Ángeles Peinado Herreros
Serie: *Avances recientes, 6*

© Autoras/es
© Universidad de Jaén
Primera edición, mayo 2025
ISBN: 978-84-9159-675-2
ISBNe: 978-84-9159-676-9
Depósito Legal: J-248-2025

Edita
Universidad de Jaén. UJA Editorial
Vicerrectorado de Cultura
Campus Las Lagunillas, Edificio Biblioteca
23071 Jaén (España)
Teléfono 953 212 355
web: editorial.ujaen.es

editorial@ujaen.es

Diseño y maquetación
José Miguel Blanco. www.blancowhite.net

Imprime
Gráficas «La Paz» de Torredonjimeno, S. L.

Impreso en España/*Printed in Spain*

00
PRÓLOGO

La proteómica es una disciplina que mediante un enfoque experimental global estudia el conjunto de proteínas presentes en un sistema biológico en una situación determinada. El desarrollo de esta disciplina descansa en el desarrollo de nuevas y potentes tecnologías de separación y análisis de proteínas, análisis de imagen y bioinformática. Las proteínas, como su nombre indica (del griego proteios = primario) y, en referencia a las moléculas biológicas, son lo primero. Conocer las proteínas en el sentido más amplio (proteómica) es clave para entender los procesos biológicos y las enfermedades.

La proteómica es una metodología muy potente de análisis y diagnóstico molecular que está abriendo nuevas perspectivas en el conocimiento de la regulación e integración celular a muchos niveles. En este libro se recogen diferentes capítulos en los que se explica el fundamento y modo de uso de las principales metodologías a aplicar así como algunas de sus aplicaciones más sobresalientes.

En el **capítulo 1** se presentan las principales herramientas informáticas utilizadas para realizar un análisis de enriquecimiento funcional, una de las últimas etapas del análisis de datos en proteómica y otras disciplinas similares. Se presentan los proyectos Gene Ontology (GO), la Enciclopedia de Kioto de Genes y Genomas (KEGG), el proyecto Reactome así como las plataformas de programas que permiten su aplicación como DAVID, g:Profiler, STRING, WeBGestalt, GSEA, Cytoscape y otros. Finalmente se describen algunos ejemplos prácticos de análisis llevados a cabo con estas plataformas.

5

En el **capítulo 2**, se presenta la relación entre un mal plegamiento de proteínas y su relación con el envejecimiento, las enfermedades neurodegenerativas y otras. Las proteínas mal plegadas, aparte de perder su funcionalidad, forman agregados y estos fibrillas y placas que son tóxicos. Las enfermedades y el envejecimiento modifican las proteínas haciendo que no se plieguen bien o se desplieguen, además, reducen la capacidad del sistema encargado del mantenimiento y regulación de esta capacidad de plegamiento.

La proteómica es una disciplina que se ha aplicado al estudio de microorganismos y, en concreto, en el **capítulo 3** se presenta como herramienta para el estudio de lactobacilos con potencial probiótico. Esta metodología ha permitido la determinación de biomarcadores de probiosis, lo cual ha permitido identificar cepas con esta capacidad y determinar las herramientas para la mejora de su adaptación o funcionalidad.

En el **capítulo 4** se presenta cómo se está utilizando la proteómica para el conocimiento y la investigación del cáncer. Utilizando estas herramientas se han establecido perfiles moleculares alterados causantes de muchos tipos de cáncer y el descubrimiento de nuevos marcadores diagnósticos, pronósticos y terapéuticos. El empleo de estos métodos junto con el desarrollo de modelos preclínicos se está implantando como una metodología eficaz en la búsqueda de soluciones terapéuticas que desembocan en un número cada vez mayor de ensayos clínicos.

En el **capítulo 5** se describe cómo el uso de la proteómica ha revolucionado la investigación de los mecanismos de regulación de la transcripción. La composición proteica de los complejos transcripcionales, las interacciones entre las distintas proteínas implicadas y las modificaciones postraduccionales han sido muy estudiadas mediante técnicas proteómicas así como la interacción entre proteínas, ADN y ARN en el contexto de la cromatina.

Se pretende que este libro sirva de estímulo al estudio de esta disciplina, sea un texto de referencia para los estudiantes de máster y muestre algunas de las principales aportaciones a diferentes campos del conocimiento realizadas por grupos de la Universidad de Jaén, Córdoba y Granada usando esta metodología.

IN MEMORIAM
ANTONIO SÁNCHEZ POZO

El pasado 16 de agosto fallecía de forma inesperada Antonio Sánchez Pozo, catedrático del Departamento de Bioquímica y Biología Molecular II de la Universidad de Granada y un buen amigo. Sirvan estas líneas para recordarle y agradecer su colaboración continua con la Universidad de Jaén. Doctor en Farmacia y especialista en Bioquímica Clínica y en Análisis Clínicos, se dedicó a la docencia, investigación, innovación y gestión académica. Su actividad docente se centró desde 1977 en cursos de grado, máster y doctorado y en multitud de colaboraciones como profesor invitado en muchas universidades de España y fuera de España. Participó también en la publicación de varios libros de texto sobre Bioquímica, Patología Molecular y Bioquímica Clínica. Se distinguió por desarrollar programas de inclusión y trato igualitario en la sociedad aplicados al norte de África, Bosnia o América Latina. Su labor de innovación ha sido reconocida internacionalmente, participando en varios proyectos Erasmus, en países de Oriente medio y en América Latina. En el ámbito de la Farmacia, fue seleccionado como representante de España en varios estudios europeos y de otros países. Toda esta labor ha sido reconocida mediante premios y colaboraciones con diferentes agencias.

Desarrolló su actividad investigadora en varias líneas de investigación, colaborando en los últimos años con diferentes hospitales en el campo de la farmacogenética, farmacogenómica y oncología, participando en el Centro Pfizer-UGR-JA de investigación (GENYO). Sus últimos trabajos se han centrado sobre la diabetes gestacional y sus efectos en la programación metabólica. Mantuvo multitud de colaboraciones con numerosas empresas que le permitieron coordinar y dirigir el máster BioEnterprise dedicado a las empresas del campo biotecnológico. También fue el creador y coordinador del Programa de Doctorado en Farmacia de la Universidad de Granada. A nivel institucional mantuvo diferentes cargos, desde secretario del Departamento hasta director general de Universidades de la Comunidad Autónoma de Andalucía pasando por varios vicerrectorados.

Desde sus inicios, todos los años dedicaba una parte de su tiempo a las clases de Proteómica del Máster Universitario en Biotecnología y Biomedicina por la Universidad de Jaén. Contábamos con su apoyo, presencia, experiencia y su buen hacer como profesor universitario. Muchas gracias Antonio, por tu apoyo y colaboración. Te echamos de menos.

_00

PRÓLOGO   **05**

IN MEMORIAM   **07**
ANTONIO SÁNCHEZ POZO

_01

PROTEÓMICA,   **11**
ENRIQUECIMIENTO
FUNCIONAL Y BIOLOGÍA
DE SISTEMAS

Eva Vargas, Sergio Martín García
y Francisco J. Esteban

_02

PROTEÍNAS   **39**
MAL PLEGADAS,
ENVEJECIMIENTO Y
ENFERMEDAD

Antonio Sánchez Pozo

_03

LA PROTEÓMICA COMO   **63**
HERRAMIENTA PARA EL ESTUDIO
DE LACTOBACILOS CON
POTENCIAL PROBIÓTICO

Hikmate Abriouel, Natacha Caballero Gómez,
Julia Manetsberger y Nabil Benomar

_04

LA PROTEÓMICA EN LA   **91**
INVESTIGACIÓN DEL CÁNCER

Florina Iulia Bura, Mari C. Vázquez-Borrego, Melissa Granados
Rodríguez, Blanca Rufián-Andújar, Francisca Valenzuela-Molina,
Lidia Rodríguez-Ortiz, Ana Martínez-López, Carmen Michán,
José Alhama, Álvaro Arjona-Sánchez y Antonio Romero-Ruiz

_05

PROTEÓMICA Y   **122**
REGULACIÓN DE LA
TRANSCRIPCIÓN

María del Carmen Mota-Trujillo y
Ana Isabel Garrido-Godino

RESUMEN

El análisis de enriquecimiento funcional es una técnica que se utiliza en Biología de Sistemas para identificar las funciones biológicas más relevantes asociadas a un conjunto de moléculas. Esta técnica compara moléculas de interés con una base de datos de moléculas conocidas para buscar coincidencias significativas. De esta forma, se pueden identificar las funciones biológicas y los procesos celulares más relevantes en que está implicado el conjunto de moléculas analizadas. El análisis de enriquecimiento funcional es una herramienta valiosa para entender la biología subyacente a un conjunto de moléculas y puede ayudar a generar nuevas hipótesis y descubrimientos en diferentes áreas de la biología, incluyendo la biomedicina y la biotecnología. En este capítulo se presenta una descripción de las principales herramientas computacionales que permiten llevar a cabo análisis de enriquecimiento funcional a partir de datos obtenidos mediante el uso de técnicas de proteómica, así como ejemplos de aplicación de algunas de las herramientas descritas.

PALABRAS CLAVE: *bioinformática, biología de sistemas, biomedicina, ómicas, redes de interacción proteína-proteína.*

ABSTRACT

Functional enrichment analysis is a technique used in Systems Biology to identify the most relevant biological functions associated with a set of molecules. This technique compares molecules of interest with a database of known molecules to search for significant matches. In this way, the most relevant biological functions and cellular processes in which the analyzed set of molecules are involved can be identified. Functional enrichment analysis is a valuable tool for understanding the underlying biology of a set of molecules and can help generate new hypotheses and discoveries in different areas of biology, including biomedicine and biotechnology. This chapter presents a description of the main computational tools that allow the performance of functional enrichment analysis from data obtained using proteomics techniques, as well as examples of application of some of the described tools.

KEYWORDS: *bioinformatics, systems biology, biomedicine, omics, protein-protein interaction networks.*

ABREVIATURAS

DAVID   Database for Annotation, Visualization and Integrated Discovery
GO   Gene Ontology
GSEA   Gene Set Enrichment Analysis
KEGG   Kyoto Encyclopedia of Genes and Genomes
STRING Search Tool for the Retrieval of Interacting Genes/Proteins

01
PROTEÓMICA, ENRIQUECIMIENTO FUNCIONAL Y BIOLOGÍA DE SISTEMAS

Eva Vargas[1,2,3]
Sergio Martín García[1]
Francisco J. Esteban[1*]

INTRODUCCIÓN

Biología de sistemas, un abordaje interdisciplinar

Durante las últimas décadas, se ha experimentado un progreso espectacular en el ámbito de la biología molecular y celular gracias al avance tecnológico y metodológico. Este progreso se ha visto impulsado en parte por la aparición de tecnologías ómicas de alta resolución que permiten el análisis global de entidades biológicas tales como conjuntos de genes, proteínas o metabolitos, entre otros, lo que ha dado lugar al desarrollo de disciplinas como la genómica, proteómica o metabolómica. De esta forma, los análisis reduccionistas tradicionales en los que se estudiaba un solo elemento se han visto complementados por una perspectiva más bien holística y centrada en sistemas complejos completos (Zito *et al.*, 2021). Ello se debe, entre otros motivos, a que cada vez son más evidentes las dificultades existentes a la hora de atribuir una función biológica a un único gen o proteína (Schneider y Klabunde, 2013) y cada vez resulta más obvia

1. Departamento de Biología Experimental, Universidad de Jaén.
2. Departamento de Bioquímica y Biología Molecular, Universidad de Granada.
3. Instituto de Investigación Biosanitaria ibs.GRANADA.
*   festeban@ujaen.es ORCID: orcid.org/0000-0002-7135-2973

11

la intrincada realidad de la biología de los sistemas complejos, en los que genes y proteínas trabajan de forma conjunta en grupos para crear sistemas funcionales (Tipney y Hunter, 2010). En la actualidad, se requiere una exploración muy exhaustiva de la literatura y las bases de datos disponibles para responder a cuestiones tan rudimentarias como: ¿cuál es la función de *este* gen y su producto proteico?; ¿cómo y dónde ejerce su función?; ¿tiene sentido desde el punto de vista biológico que *este* gen aparezca entre *esta* lista de moléculas?; ¿interacciona *este* gen con *estos* otros genes o proteínas?; ¿el comportamiento de *esta* proteína cambia durante un estado de enfermedad o como respuesta a un tratamiento? En este sentido, las búsquedas manuales molécula por molécula, especialmente cuando se trabaja con listas extensas, constituyen una tarea abrumadora y frecuentemente inalcanzable (Tipney y Hunter, 2010). Además, a pesar del impacto significativo que han tenido las tecnologías ómicas en el conocimiento, el volumen de información generado debe ser analizado e interpretado cuidadosamente, para lo cual se emplean herramientas computacionales potentes. Esta realidad constituye un gran desafío para la investigación biomédica y biotecnológica, y ha desembocado en el desarrollo de nuevas áreas de estudio cuyos esfuerzos se centran en el análisis de datos a gran escala y de forma integrativa (Vargas *et al.*, 2019).

Es aquí donde cabe destacar el valor que aporta la biología de sistemas, que se podría definir como la disciplina encargada de integrar y analizar datos biológicos a diferentes niveles utilizando métodos computacionales (Tebani *et al.*, 2016). En un sentido más amplio, se podría considerar como una herramienta interdisciplinar para la investigación que hace uso de métodos biológicos, químicos, estadísticos, físicos, matemáticos y/o computacionales con el objetivo de integrar y analizar información molecular, fisiológica y clínica obtenida a partir de experimentos de laboratorio (Díaz-Beltrán *et al.*, 2013). Gracias a la evolución experimentada en los últimos años, especialmente en lo que a desarrollo de métodos computacionales se refiere, la biología de sistemas constituye una disciplina de referencia a la hora de estudiar la complejidad biológica en diferentes situaciones experimentales o biomédicas, y cada vez son más los investigadores que han adoptado este método de trabajo como su rutina.

La proteómica y su impacto en la investigación en biomedicina y biotecnología

Buena parte de las reacciones bioquímicas que tienen lugar en una célula están reguladas mediante proteínas altamente especializadas, que constituyen los principales mediadores del fenotipo celular (Schmidt *et al.*, 2014). Así pues, las proteínas son moléculas esenciales para la vida y por lo tanto su estudio es fundamental para entender los procesos celulares y sus disfunciones asociadas a diversas enfermedades. La proteómica, entendida como el análisis masivo y sistemático de las proteínas presentes en un sistema biológico, se ha convertido en una herramienta clave para el estudio de las proteínas y su función. La proteómica permite identificar y cuantificar las proteínas presentes en una muestra biológica, y estudiar sus modificaciones, interacciones y localización en la célula (Carnielli *et al.*, 2015). Además, la proteómica es útil para la identificación de biomarcadores de enfermedades y de nuevas dianas terapéuticas, lo que hace que sea una técnica cada vez más importante en la investigación biomédica y la medicina personalizada.

En el presente capítulo nos centraremos en la utilidad de la biología de sistemas como herramienta para el análisis de datos procedentes de experimentos de proteómica, si bien las directrices aquí presentadas podrían aplicarse a cualesquiera otros conjuntos de datos de similar naturaleza.

PROTEÓMICA Y BIOLOGÍA DE SISTEMAS

Pasos convencionales en el análisis de datos de proteómica

Si bien no es el objetivo del presente capítulo, cabe destacar que un experimento estándar de proteómica está compuesto por diferentes fases de análisis previas a la generación de los datos (Figura 1). A grandes rasgos y tras las etapas preliminares de análisis, las técnicas de proteómica permiten evaluar y comparar la expresión de proteínas entre diferentes muestras y condiciones experimentales. Cuando se trata de contrastar la expresión proteica en diferentes condiciones, se aplican tests que permiten evaluar la significación estadística de dicha expresión diferencial. Llegado este punto, se establecen umbrales de significación que determinan el conjunto de moléculas que parecen mostrar esa variación desde el punto de vista estadístico (Nadeau *et al.*, 2021). La fase final de los experimentos de proteómica, genómica o metabolómica es la obtención de una lista de biomoléculas "de interés" (Tipney y Hunter, 2010). La relevancia biológica de la vasta cantidad de moléculas identificadas debe ser investigada a través del uso de herramientas de anotación funcional. Este paso crítico en el análisis permite, a través de la consulta en bases de datos de información biológica, predecir y/o conocer la función de las moléculas en cuestión. La clasificación de genes y proteínas en función de su papel dentro de los sistemas biológicos, además, sienta las bases para el análisis de las posibles relaciones e interacciones existentes entre ellos.

Otro elemento importante que forma parte del análisis de datos de proteómica bajo una estrategia propia de la biología de sistemas es la visualización mediante redes de interacción. Hasta la fecha, se han desarrollado múltiples modelos basados en redes que permiten simular sistemas biológicos reales (Carnielli *et al.*, 2015). Una ruta biológica es un conjunto de reacciones químicas celulares que resultan en un efecto biológico determinado. Puesto que las proteínas están implicadas en rutas biológicas, gracias a esta estrategia se permite la visualización de resultados

13

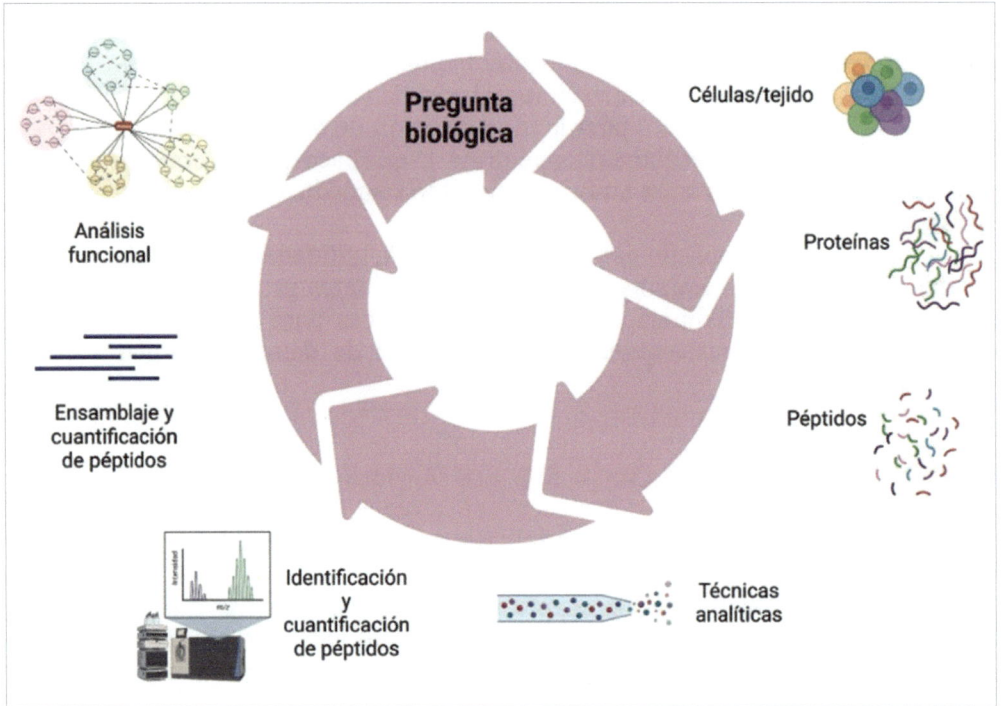

Figura 1.

Esquema general del flujo de trabajo integrado en proteómica. Las muestras de interés se someten a extracción y digestión proteica, con el objetivo de obtener los diferentes péptidos que serán posteriormente sometidos a las correspondientes técnicas analíticas cromatográficas y de espectrometría de masas. Los datos de espectrometría de masas se analizan para así poder identificar y cuantificar los péptidos detectados y ensamblarlos en proteínas. Una vez finalizado el análisis meramente proteómico, se procede al análisis funcional de las proteínas de interés con el objetivo de descifrar aquellas vías, interacciones o modificaciones postraduccionales relevantes para la pregunta biológica de interés. Esta información generada *in silico* se puede utilizar para la formulación de nuevas hipótesis que eventualmente podrían dar lugar a una nueva pregunta biológica. Figura adaptada de Schmidt *et al.*, 2014. Creada con BioRender.com.

propios de un sistema tales como las reacciones bioquímicas (Chen *et al.*, 2010) e interacciones en las que participan (Aloy y Russell, 2006).

Enriquecimiento funcional

El análisis de enriquecimiento funcional es una técnica comúnmente usada para la identificación de tendencias en conjuntos de datos biológicos a gran escala (Wijesooriya *et al.*, 2022). Este tipo de estrategia, también denominada en ocasiones análisis de enriquecimiento de grupos de genes (GSEA, por las siglas en inglés de Gene Set Enrichment Analysis) se utiliza frecuentemente para examinar conjuntos de datos ómicos en busca de términos funcionales sobrerrepresentados en un subconjunto del *dataset*, como puedan ser genes regulados o proteínas modificadas (Zito *et al.*, 2021). Normalmente, la realización de este tipo de análisis conlleva la aplicación de un test estadístico a través del cual determinar la existencia de diferencias significativas en la frecuencia de términos biológicos asociados con un conjunto de elementos concreto (por ejemplo, un grupo de genes o proteínas). En biomedicina, el análisis de enriquecimiento funcional de datos de expresión génica se aplica frecuentemente en el estudio de mecanismos patológicos y de fármacos, así como para el establecimiento de la asociación de fenotipos concretos a un grupo de genes o proteínas.

El análisis de enriquecimiento funcional, a veces también denominado análisis de rutas (Curtis *et al.*, 2005), se ha convertido en una parte relevante del análisis que comúnmente se lleva a cabo cuando se estudian colecciones de moléculas obtenidas a partir de la aplicación de métodos genómicos o proteómicos de alta resolución. Ello se debe a su capacidad de proporcionar conocimiento valioso sobre la función biológica colectiva subyacente a una lista de biomoléculas concreta. A través del mapeo sistemático de los genes y las proteínas a sus anotaciones biológicas correspondientes y la posterior comparación de la distribución de estos términos dentro de un conjunto de biomoléculas de interés, los análisis de enriquecimiento pueden identificar términos que se encuentran sobre o infra-rrepresentados dentro de una lista de interés (Ashburner *et al.*, 2009; Huang *et al.*, 2009). Mediante esta información, se infiere que estos términos enriquecidos describen procesos biológicos subyacentes o comportamientos importantes (Tipney y Hunter, 2010). Por ejemplo, si tras la realización de un análisis se obtiene que un 20 % de los genes en la lista de interés pertenecen a una determinada familia, al compararlo con el resto de genes en el genoma de referencia (es decir, la población que actúa como *background*) y mediante la utilización de métodos estadísticos comunes (distribuciones hipergeométricas, probabilidades binomiales, test de Fisher, etc.), se puede determinar que la familia en cuestión se encuentra enriquecida en la lista de biomoléculas de interés y que, por tanto, tiene funciones importantes dentro del contexto del estudio biológico que se está llevando a cabo. Un ejemplo hipotético con números reales sería el siguiente (Huang *et al.*, 2009):

En el *background* del genoma humano (conformado por unos 30.000 genes en total - PT: *population total*), 40 genes se encuentran implicados en la vía de señalización de p53 (PH: *population hits*). Una lista de genes proporcionada por un usuario ha dado como resultado que 3 (LH: *list hits*) de los 300 genes totales que conforman dicha lista pertenecen a la ruta de señalización de p53 (LH: *list total*). Entonces, se plantea la cuestión de si 3/300 es una probabilidad que se debe más o menos al azar que la proporción con respecto al *background* del genoma humano (40/30.000). Para determinar la respuesta a esta pregunta, se construye una tabla de contingencia de tamaño 2x2 que permite representar los datos y las asociaciones existentes entre ellos antes de proceder al test estadístico que nos permita responder a la pregunta planteada:

- *List Hits* (LH) = 3
- *List Total* (LT) = 300
- *Population Hits* (PH) = 40
- *Population Total* (PT) = 30.000

	Genes del usuario	Genoma	
Presentes en ruta	LH	PH-LH	PH
Ausentes en ruta	LT-LH	PT-LT-(PH-LH)	PT-PH
	LT	PT-LT	PT

	Genes del usuario	Genoma	
Presentes en ruta	3	37	40
Ausentes en ruta	297	29.663	29.960
	300	29.700	30.000

Al establecer la comparación (no se muestra el cálculo), se obtiene un p-valor exacto de 0,007. Ya que se trata de un p-valor inferior a 0,05, se puede concluir que esta lista de genes proporcionada por el usuario está específicamente asociada (enriquecida) en la ruta de señalización de p53 y no se debe a una asignación al azar de los genes a esta ruta.

La interpretación de este tipo de datos constituye un desafío extraordinario, especialmente debido a que establecer asociaciones entre los distintos componentes de un sistema complejo resulta difícil de investigar mediante las tradicionales técnicas reduccionistas. Para hacer frente a estas limitaciones, se han desarrollado herramientas que permiten resumir determinados perfiles de expresión en categorías funcionales simplificadas. Estas categorías funcionales a menudo representan rutas de señalización o rutas bioquímicas, depuradas a partir de la información presente en la literatura: de ahí la denominación de enriquecimiento funcional (Wijesooriya *et al.*, 2022). Dos de las bases de datos más frecuentemente usadas para la anotación génica en categorías son Gene Ontology (GO) y la Kyoto Encyclopedia of Genes and Genomes (KEGG). Ambas emergieron coincidiendo con las primeras publicaciones sobre los primeros genomas eucariotas, con el objetivo de catalogar de forma sistemática las funciones génicas y proteicas (Ashburner *et al.*, 2000; Kanehisa y Goto, 2000).

Gene Ontology (http://geneontology.org/) es una iniciativa bioinformática para el desarrollo de una nomenclatura controlada para eucariotas, que permita clasificar los genes o proteínas dentro de una determinada categoría (Gene Ontology Consortium, 2021). Publicada por vez primera en el año 2000, GO introdujo el concepto de asociar una colección de genes con un término biológico funcional de forma sistemática (Ashburner *et al.*, 2000). Siguiendo la denominación establecida a partir de este sistema, se considera que el término biológico asociado al grupo de moléculas en cuestión se encuentra dentro de uno de los siguientes dominios: 1) un proceso biológico, 2) una función molecular o 3) un componente celular (Hill *et al.*, 2008). Las denominaciones del sistema de clasificación por GO son jerárquicas, con términos más generales en la parte superior de la jerarquía, y términos más específicos en la parte inferior (Figura 2). Esto permite trazar las relaciones existentes entre los términos situados en la parte más inferior de la jerarquía y los ubicados en la parte superior. Por lo tanto, las moléculas se van clasificando dentro de la jerarquía existente, y pueden además ser ubicadas dentro de cada uno de los dominios originales. La base de datos de Gene Ontology se revisa y actualiza constantemente con el objetivo de reflejar de la forma más veraz posible el conocimiento actual, así como para eliminar posibles términos obsoletos.

Kyoto Encyclopedia of Genes and Genomes (KEGG) es una base de datos pública que almacena información sobre análisis sistemáticos de las funciones de los genes, uniendo datos genómicos con información

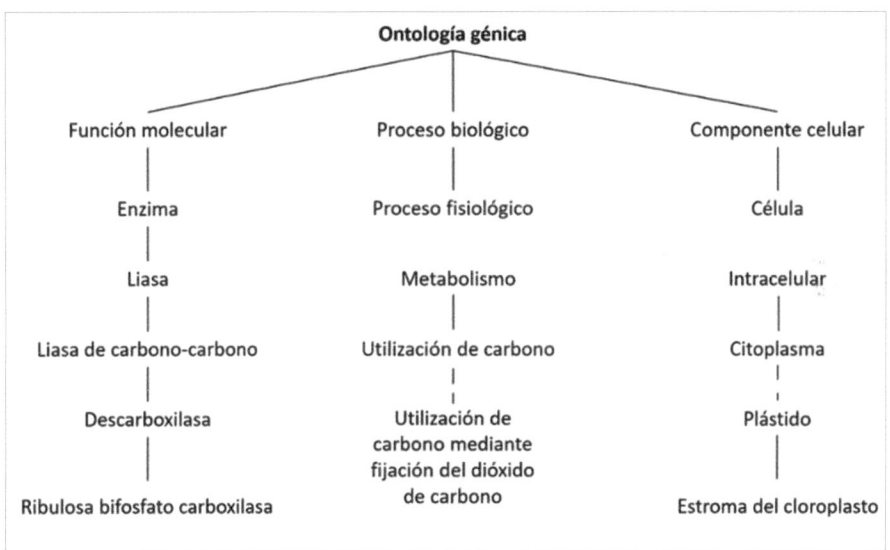

FIGURA 2.
Ejemplo de la jerarquía de Gene Ontology (GO) en plantas. Existen tres órdenes principales: "función molecular", "proceso biológico" y "componente celular". Cada uno de los genes que participan en procesos relacionados con la fotosíntesis pueden ser agrupados en diferentes categorías. Por lo general, aquellas moléculas cuya función se haya descrito en profundidad serán asociadas a niveles jerárquicos más bajos (y, por ende, más específicos), mientras que para aquellas menos conocidas, la asociación se establecerá a niveles jerárquicos más altos (y, por tanto, más generales). Figura adaptada de Blanchard, 2004.

funcional (Ogata *et al.*, 1999; Kanehisa y Goto, 2000). El conocimiento sobre genómica se encuentra almacenado en la base de datos GENES, que constituye una colección de genomas completamente secuenciados y otros secuenciados parcialmente y que incluye anotación actualizada sobre las funciones génicas. Por su parte, la información funcional se almacena en la base de datos PATHWAY, que contiene representaciones gráficas de procesos celulares como el metabolismo, el transporte a través de la membrana, la transducción de señales o el ciclo celular. Todas las bases de datos englobadas bajo la iniciativa KEGG se actualizan diariamente y se encuentran al alcance de cualquier usuario a través de la dirección web https://www.genome.jp/kegg/

En línea con esta última iniciativa, unos años más tarde se estableció una colaboración internacional entre diferentes grupos que dio lugar al proyecto Reactome (http://www.reactome.org), mediante el que se pretendía desarrollar una base de datos bioinformática depurada de las rutas y reacciones moleculares en humanos (Croft *et al.*, 2011). Se trata de una colección de libre acceso en la que se documenta información que abarca desde el metabolismo intermedio simple hasta eventos celulares complejos (Stein, 2004). Esta potente herramienta proporciona detalles moleculares acerca de transducción de señales, transporte, replicación de ADN, metabolismo y otros procesos moleculares en forma de un modelo de datos único y consistente. Reactome funciona tanto como un repositorio de procesos biológicos como una herramienta para descubrir relaciones funcionales, entre otros (Fabregat *et al.*, 2016).

La creación y desarrollo de estos tres grandes proyectos sentó las bases para el desarrollo de las herramientas de análisis que se describirán a continuación. De hecho, la gran mayoría de ellas se basan en la utilización de estos tres recursos para su funcionamiento.

Plataformas para el análisis de enriquecimiento funcional en proteómica

El análisis de enriquecimiento funcional es una parte esencial de la investigación en proteómica, pues permite identificar y comprender aquellos procesos biológicos, funciones moleculares y componentes celulares asociados con un conjunto de proteínas específicas. El hecho de centrar los esfuerzos de una investigación en una colección de genes o proteínas como un todo no es simplemente algo más intuitivo desde el punto de vista biológico, sino que también tiende a incrementar el poder estadístico y reducir la dimensionalidad de los datos. Por lo tanto, comprender el significado funcional de estas listas de moléculas, aunque pueda ser una tarea desafiante, es un paso crítico (Tipney y Hunter, 2010).

En lo que respecta a plataformas y herramientas para el análisis de enriquecimiento funcional en proteómica, a continuación se describen algunas de las más destacadas. Los recursos aquí presentados podrían variar en términos de las especies admitidas, las fuentes de origen de los datos y los métodos analíticos, de forma que resulta esencial escoger la herramienta apropiada según las necesidades específicas tanto del investigador como del propio conjunto de datos.

Database for Annotation, Visualization and Integrated Discovery (DAVID)

La base de datos para la anotación, visualización y descubrimiento integrado, más comúnmente conocida como DAVID por sus siglas en inglés, es una plataforma web (https://david.ncifcrf.gov/) ampliamente utilizada que ofrece un conjunto completo de herramientas de anotación funcional que permiten comprender el significado biológico de genes o proteínas en diferentes especies (Dennis *et al.*, 2003). Mediante el uso de DAVID se pueden obtener términos GO asociados a un grupo de moléculas de interés y muestra la información en forma de tablas, gráficos y visualizaciones interactivas (Huang *et al.*, 2009). Dentro de la funcionalidad de esta plataforma a nivel proteómico, se incluye la opción de mostrar dominios y motivos funcionales de las proteínas de interés. Además, permite analizar las funciones biológicas y vías moleculares de las proteínas y su posible implicación en enfermedades, así como consultar información acerca de las posibles interacciones existentes entre fármacos y genes de interés, o visualizar la expresión tisular a partir de la base de datos del *Human Protein Atlas* (Sherman *et al.*, 2022). La plataforma DAVID es de acceso libre y gratuito y se trata de una herramienta muy activa y que está sometida a actualizaciones de forma muy regular.

g:Profiler

g:Profiler (https://biit.cs.ut.ee/gprofiler/) es una herramienta bioinformática de uso público que permite a los usuarios realizar análisis de enriquecimiento funcional a partir de datos ómicos a gran escala, incluida la proteómica. Admite la ejecución de análisis en varias especies e integra múltiples bases de datos, como GO, Reactome o KEGG, entre otras. Además, incluye información relativa a dianas de microRNAs procedentes de miRTarBase, motivos reguladores procedentes de TRANSFAC, datos de especificidad tisular obtenidos a partir del *Human Protein Atlas* e información sobre complejos proteicos volcados desde CORUM (Raudvere *et al.*, 2019). Cabe destacar que g:Profiler es capaz de generar unos vistosos gráficos para el análisis de enriquecimiento funcional.

Search Tool for the Retrieval of Interacting Genes/Proteins (STRING)

STRING (https://string-db.org/) es una popular base de datos que recopila interacciones proteína-proteína, tanto conocidas como predichas, entre las que se incluyen asociaciones físicas y funcionales obtenidas a partir de experimentos de laboratorio con técnicas de alta resolución, minería de texto y conocimiento previo, entre otras fuentes (Szklarczyk *et al.*, 2015). Además de permitir la visualización de redes de interacción proteína-proteína de forma interactiva, STRING puede realizar análisis de enriquecimiento funcional utilizando términos de GO, vías de KEGG y vías de Reactome. La información proporcionada por esta plataforma es requerida por otras herramientas de análisis más avanzado a través de las cuales determinar, por ejemplo, la función de una proteína en un contexto tan complejo como la estructura de una red.

WEB-based Gene SeT AnaLysis Toolkit (WeBGestalt)

WebGestalt (http://www.webgestalt.org/) es una plataforma web pública muy versátil que permite ejecutar análisis de enriquecimiento funcional, y que además admite múltiples organismos y categorías de anotación. Incluye herramientas para el análisis de conjuntos de genes y proteínas en el contexto de vías biológicas, GO y otras categorías funcionales. Esta herramienta incluye, en su última actualización, información acerca de sitios de fosforilación de proteínas de interés, lo que la convierte en un recurso útil para hacer frente a la necesidad creciente de herramientas para analizar datos de fosfoproteómica (Liao *et al.*, 2019).

Gene Set Enrichment Analysis (GSEA)

GSEA (https://www.gsea-msigdb.org/gsea/index.jsp) es la denominación otorgada a una plataforma a través de la cual se puede ejecutar un método computacional que determina si un conjunto de genes previamente definido muestra algún tipo de significación estadística entre dos estados biológicos cualesquiera (entre dos fenotipos), y que también se puede utilizar para datos de proteómica. Esta herramienta ayuda a los investigadores a identificar categorías funcionales y vías que se encuentran significativamente enriquecidas en un conjunto específico de proteínas. Este conjunto de herramientas se encuentran protegidas bajo licencia, pero son accesibles tras proceder al registro en los términos en que se indica a los usuarios.

Enrichr

Enrichr (https://maayanlab.cloud/Enrichr) es una plataforma web de fácil manejo para el análisis de enriquecimiento de conjuntos de genes y proteínas en mamíferos (Chen *et al.*, 2013). Este recurso proporciona varias bibliotecas que posibilitan la realización de análisis de enriquecimiento, entre las que se incluyen los clásicos términos de GO, vías de KEGG o vías de Reactome, por mencionar algunas de ellas (Kuleshov *et al.*, 2016). Se trata de una herramienta en constante evolución y que recientemente ha incorporado la opción de llevar a cabo análisis de enriquecimiento funcional en otras especies de levaduras, gusanos, peces y moscas a través de las subherramientas YeastEnrichr, WormEnrichr, FishEnrichr y FlyEnrichr, respectivamente (Xie *et al.*, 2021).

PSEA-Quant

PSEA-Quant es una herramienta bioinformática que permite el análisis de enriquecimiento de conjuntos de proteínas y su cuantificación a partir de datos de espectrometría de masas. Este recurso utiliza bases de datos de conjuntos de proteínas predefinidos (como KEGG, GO o Reactome) y compara la abundancia de proteínas en cada conjunto entre dos o más condiciones experimentales. Además, la plataforma permite la identificación de modificaciones postraduccionales y el análisis de redes de proteínas para identificar interacciones entre ellas. Por otra parte, permite analizar las vías metabólicas en las que están involucradas las proteínas diferencialmente expresadas y las correspondientes funciones biológicas asociadas. Hay dos tipos principales de *datasets* de proteómica cuantitativa que se pueden analizar con PSEA-Quant: por un lado, aquellos que involucran una única condición experimental, lo que permite establecer una cuantificación absoluta del sistema objeto de estudio; por otro lado, se pueden analizar conjuntos de datos derivados de la comparación de dos condiciones experimentales diferentes, por ejemplo el análisis de una muestra resultado de la aplicación de un tratamiento determinado que se compara con una muestra control (Lavallée-Adam y Yates, 2016). PSEA-Quant se encuentra disponible en la web (http://sealion.scripps.edu:18080/PSEA-Quant/) y también como una herramienta basada en líneas de comandos.

FunRich

FunRich (http://www.funrich.org/) es una herramienta bioinformática de *software* independiente que se utiliza principalmente para el enriquecimiento funcional y el análisis de redes de interacción de genes y proteínas (Benito-Martín y Peinado, 2015). Además, los resultados del análisis se pueden representar gráficamente en forma de gráficos de Venn, de barras, columnas, sectores y tipo *donut*. Actualmente, la herramienta FunRich está diseñada para manejar una variedad de conjuntos de datos de genes/proteínas, independientemente del organismo. Los usuarios no solo pueden buscar en la base de datos de fondo predeterminada, sino que también se puede cargar una base de datos personalizada en la que se puede llevar a cabo un análisis de enriquecimiento funcional. La plataforma utiliza diferentes bases de datos de ontología de funciones biológicas, como son GO, KEGG y Reactome, para realizar el análisis de enriquecimiento funcional; cada base de datos tiene su propia área de enfoque y proporciona información única sobre los procesos biológicos que están involucrados en un conjunto de datos de proteómica. Además, la plataforma permite que los usuarios puedan crear sus propias bases de datos y realizar los análisis de enriquecimiento directamente con FunRich (Fonseka *et al.*, 2021). En cuanto a los tipos de análisis de enriquecimiento funcional, FunRich da soporte a las siguientes categorías: procesos biológicos, componentes celulares, funciones moleculares, dominios proteicos, localizaciones de expresión (tejidos normales, tejidos cancerosos, tipos celulares y líneas celulares), rutas biológicas y factores de transcripción.

aGOtool

aGOtool (https://agotool.org/) tiene la particularidad de que es una herramienta centrada en proteínas, y proporciona múltiples métodos de enriquecimiento para la búsqueda y obtención de resultados biológicamente significativos. aGOtool admite identificadores específicos de proteínas, como aquellos procedentes del consorcio UniProt y STRING. Permite realizar análisis de enriquecimiento biológico utilizando para ello los recursos del GO, Uniprot, vías de KEGG, publicaciones de PubMed, Reactome o Wiki Pathways, entre otros. Además, esta plataforma integra resultados de minería de texto, lo que le permite proporcionar resultados de enriquecimiento para algunas enfermedades o tejidos concretos (Schölz *et al*., 2015).

Perseus

El *software* Perseus (https://maxquant.net/perseus/) apoya a los investigadores de biología y biomedicina en la interpretación de datos de cuantificación de proteínas, interacción y modificaciones postraduccionales. Perseus cuenta con un conjunto completo de herramientas estadísticas para el análisis de datos ómicos de alta dimensionalidad que abarcan la normalización, el reconocimiento de patrones, el análisis de series temporales, las comparaciones cruzadas y los tests de hipótesis múltiples. Además, cuenta con un módulo de aprendizaje automático que permite la clasificación y validación de grupos de pacientes para el diagnóstico y pronóstico, y también detecta firmas proteicas predictivas. Todas las tareas en Perseus se realizan mediante *plugins*, y los usuarios pueden ampliar el *software* programando e incorporando el suyo propio, que además puede ser compartido con otros (Tyanova *et al*., 2016).

Cytoscape

Cytoscape (https://cytoscape.org/) es una plataforma web de *software* de código abierto diseñada para la visualización y análisis de redes complejas de interacción molecular (Shannon *et al*., 2003), y que se puede ejecutar bajo una interfaz interactiva y de uso amigable. Aunque Cytoscape fue diseñada originalmente para la investigación biológica, ahora es una plataforma general para el análisis y la visualización de redes complejas. Para poder crear una red de interacción proteína-proteína, Cytoscape hace uso de los datos de interacción proteica generados por otras herramientas como es el caso de STRING, o bien a través de la aplicación de las técnicas analíticas proteómicas (cromatografía de afinidad, espectrometría de masas, ensayos de doble híbrido, etc.).

En el módulo central de Cytoscape proporciona un conjunto básico de características para la integración, el análisis y la visualización de datos. Además, esta plataforma extiende su funcionalidad a través del uso de una amplia variedad de *plugins* diseñados por la comunidad científica (Robinson *et al*., 2014). Por ejemplo, con la ayuda de complementos como ClueGO (Bindea *et al*., 2009) y BiNGO (Maere *et al*., 2005), se pueden realizar análisis de enriquecimiento funcional a partir de datos de proteómica. Cytoscape se utiliza de forma común en proteómica para visualizar y analizar datos de interacciones proteína-proteína, redes de señalización celular y vías metabólicas. Los datos de interacción son utilizados para generar una red inicial interactiva que muestra las relaciones entre las diferentes proteínas. Esta red, además, puede ser analizada en función de los parámetros característicos de la misma, lo que permite identificar elementos relevantes en la red o establecer módulos significativos dentro de la misma.

Pignon

Pignon (https://github.com/LavalleeAdamLab/PIGNON) es una aplicación Java que también puede ejecutarse a partir de una línea de comandos. Se trata de una plataforma para el análisis de enriquecimiento funcional guiado por interacciones proteína-proteína y con aplicación en proteómica cuantitativa (Nadeau *et al.*, 2021). Este algoritmo de creación reciente mide el agrupamiento de aquellas proteínas con una anotación GO compartida dentro de una red de interacción proteína-proteína generada a partir de datos de proteómica cuantitativa. Su utilización es algo menos intuitiva que la de algunas de las herramientas previamente descritas, si bien la información que proporciona podría ser más valiosa puesto que integra y combina información funcional con información sobre las interacciones existentes entre los distintos elementos que conforman el sistema.

EJEMPLOS PRÁCTICOS DE ANÁLISIS

En esta sección se proporcionan dos ejemplos sobre cómo llevar a cabo un análisis computacional utilizando datos derivados de la aplicación de tecnologías ómicas de alta resolución, en este caso la proteómica.

Ejemplo 1: análisis de interacciones proteína-proteína para el estudio del síndrome STXBP1

El síndrome STXBP1 es una alteración genética con importantes implicaciones en el neurodesarrollo (Murillo, 2020). En los últimos años, se han descrito mutaciones en el gen STXBP1 en relación con encefalopatías epilépticas infantiles y retraso intelectual sin epilepsia (Mignot *et al.*, 2011; Yang *et al.*, 2021; Ünalp *et al.*, 2022). Este gen codifica la proteína de unión a la sintaxina, componente de la maquinaria responsable de la fusión de las vesículas sinápticas.

Una primera aproximación para abordar el estudio de este trastorno complejo sería proceder al análisis de la proteína codificada por el gen STXBP1 utilizando la plataforma STRING (https://string-db.org/). De esta forma, se pueden observar las principales proteínas que interaccionan con STXBP1 y extraer información acerca del entorno molecular en el que esta proteína desarrolla su función (Figuras 3 y 4).

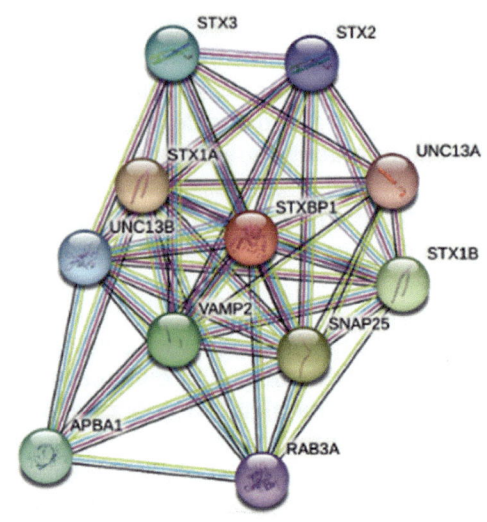

FIGURA 3.
Red de interacción proteína-proteína para la proteína STXBP1 (en rojo). Se muestran los principales interactores. Red obtenida con STRING utilizando los parámetros por defecto (https://string-db.org/). Se muestran diferentes tipos de interacciones: interacciones conocidas, bien por determinación experimental (rosa) o a partir de la depuración de bases de datos (azul). Asimismo, se muestran predicciones de interacciones (resto de colores de las conexiones).

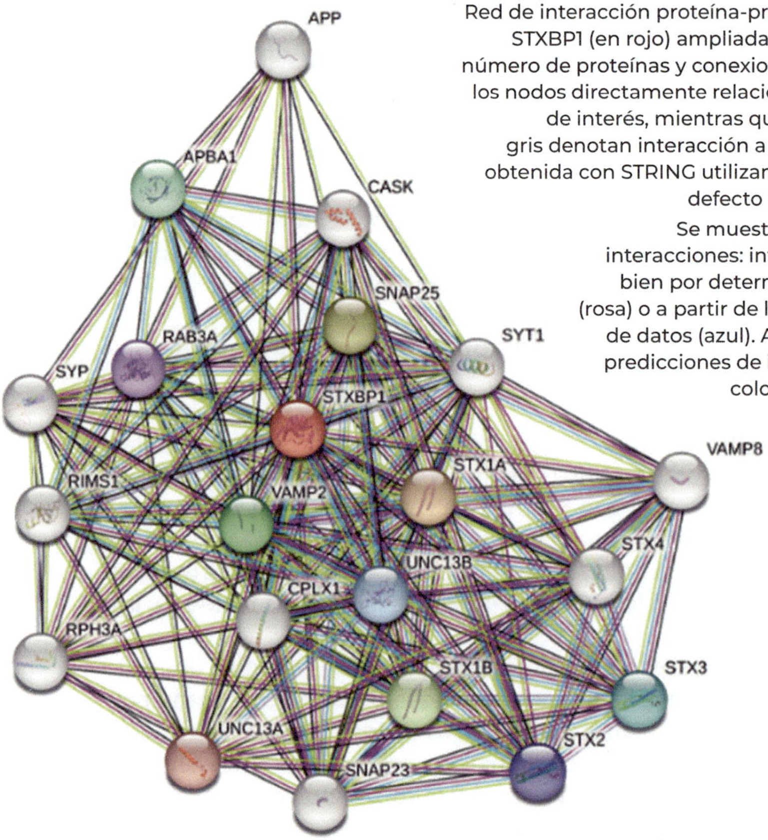

FIGURA 4.
Red de interacción proteína-proteína para la proteína STXBP1 (en rojo) ampliada. Se muestra un mayor número de proteínas y conexiones. En color aparecen los nodos directamente relacionados con la proteína de interés, mientras que los nodos con fondo gris denotan interacción a un segundo nivel. Red obtenida con STRING utilizando los parámetros por defecto (https://string-db.org/).

Se muestran diferentes tipos de interacciones: interacciones conocidas, bien por determinación experimental (rosa) o a partir de la depuración de bases de datos (azul). Asimismo, se muestran predicciones de interacciones (resto de colores de las conexiones).

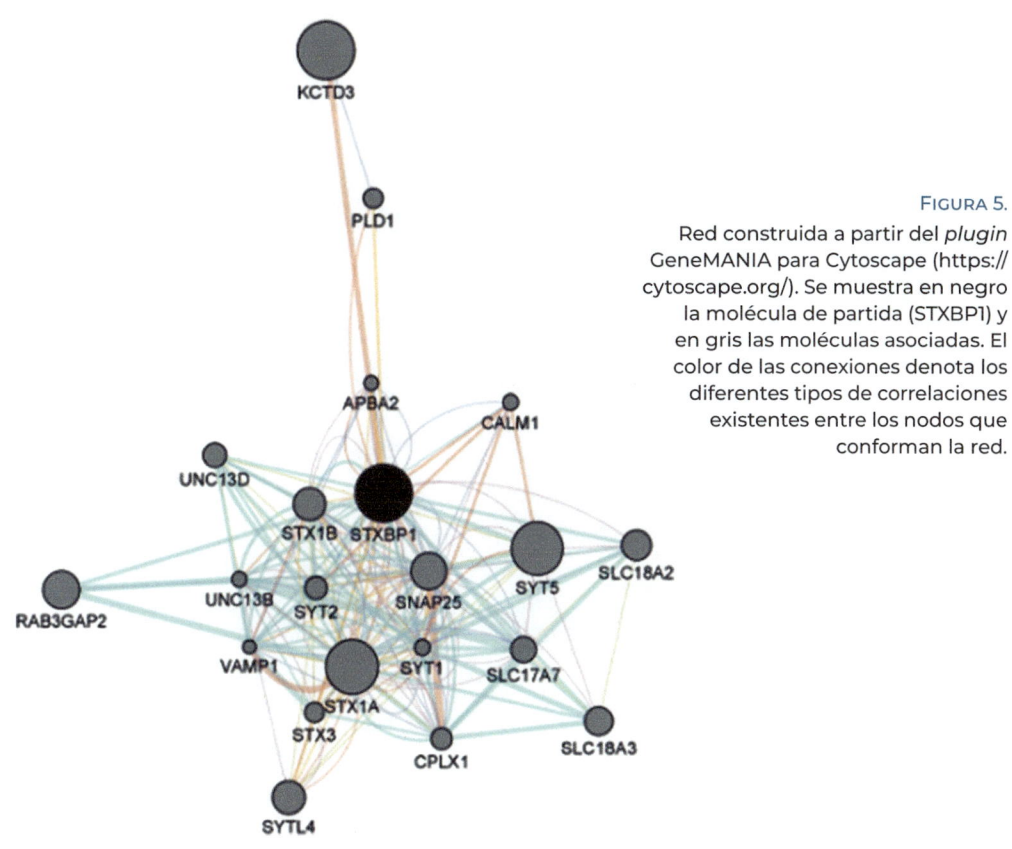

FIGURA 5.
Red construida a partir del *plugin* GeneMANIA para Cytoscape (https://cytoscape.org/). Se muestra en negro la molécula de partida (STXBP1) y en gris las moléculas asociadas. El color de las conexiones denota los diferentes tipos de correlaciones existentes entre los nodos que conforman la red.

physical interactions	co-expression	predicted	co-localization	pathway	genetic interactions	shared protein domains
67,64 %	13,50 %	6,35 %	6,17 %	4,35 %	1,40 %	0,59 %

Este análisis clásico de redes puede refinarse utilizando *software* más específico, como es el caso de Cytoscape (https://cytoscape.org/) y, más concretamente, su *plugin* GeneMANIA, que utiliza estudios previamente publicados para predecir interacciones entre moléculas a partir de una molécula o lista de moléculas dada (Montojo *et al.*, 2010; Warde-Farley *et al.*, 2010). Para comenzar con el análisis mediante esta herramienta, se introduce el nombre de la molécula de interés (en nuestro caso, STXBP1) y se ejecuta la red de interacción correspondiente (Figura 5).

Estas estrategias son útiles para comenzar a indagar sobre moléculas de interés. Sin embargo, también son aplicables al estudio de conjuntos de datos obtenidos a partir de experimentos reales en los que se utilizan técnicas ómicas de alta resolución. Un ejemplo de esta aplicación sería el que se muestra a continuación y que utiliza los datos de un trabajo publicado en 2022. En este trabajo, llevado a cabo en ratones, se realizó un análisis transcriptómico y proteómico en el que se suprimió la expresión

25

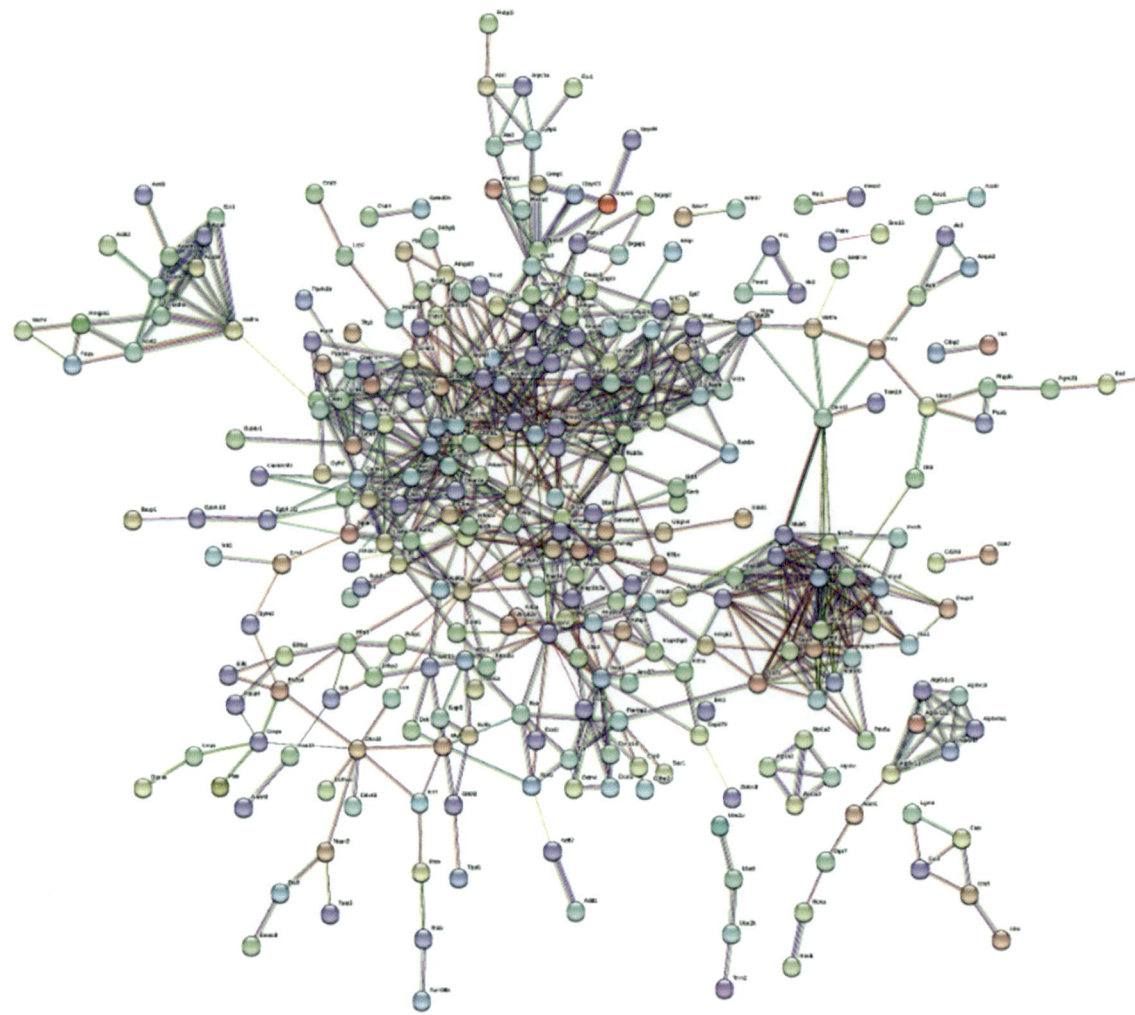

Figura 6.
Red de interacción proteína-proteína construida en STRING (https://string-db.org/) a partir del listado de 384 proteínas detectadas como diferencialmente expresadas en ratones *knock-out* para el gen STXBP1 (Van Berkel *et al.*, 2022). Para simplificar la visualización, se han modificado los parámetros por defecto para mostrar las interacciones con un valor superior a 0,7 y se han eliminado aquellos nodos que no se encuentran conectados con el componente gigante de la red.

del gen STXBP1 en individuos *knock-out* para así determinar los procesos celulares dependientes de la proteína MUNC18-1, codificada por el gen STXBP1. Como resultado de la aplicación de técnicas proteómicas basadas en espectrometría de masas, se llegó a detectar un total de 399 proteínas diferencialmente expresadas en cultivos neuronales murinos analizados en dos puntos temporales, antes y después del comienzo de la degeneración neuronal asociada a la pérdida de la proteína MUNC18-1 (Van Berkel *et al.*,

2022). Tras eliminar los duplicados, se parte de un total de 384 proteínas, que se cargan en STRING (https://string-db.org/) para comenzar el análisis de interacción (Figura 6).

Un paso posterior en el análisis es conocer el papel biológico de las moléculas de interés. Para ello, se procede al análisis de enriquecimiento funcional a través de alguna de las plataformas descritas anteriormente. En el presente ejemplo, se empleará DAVID (https://david.ncifcrf.gov), cuya funcionalidad permite conocer, entre otros aspectos, los procesos biológicos en los que se encuentran enriquecidas las 384 proteínas diferencialmente expresadas (Tabla 1). Fundamentalmente, se trata de procesos relacionados con el transporte de vesículas y la replicación del

Término	Ejemplos de moléculas implicadas	p-valor	FDR
GO:0016192 *vesicle-mediated transport*	RAB2A, NSF, STX12, NAPB, RAB4A, RAB4B, GDI1, SYT1, STXBP1, STX7	4,92E-10	1,07E-06
GO:0015031 *protein transport*	STX12, NAPB, RAB3A, GDI1, RAB3D, CSE1L, STXBP1, ARRB1, AP2A1, NAPG	3,75E-09	4,07E-06
GO:0006886 *intracellular protein transport*	RAB2A, NSF, STX12, NAPB, RAB3A, RAB3D, STXBP1, CSE1L, STX7, M6PR	4,94E-08	3,57E-05
GO:0000727 *double-strand break repair via break-induced replication*	MCM7, MCM3, MCM4, MCM5, MCM6, MCM2	9,34E-07	5,06E-04
GO:0006268 *DNA unwinding involved in DNA replication*	MCM7, RPA1, MCM3, MCM4, MCM5, MCM6, MCM2	1,28E-06	5,41E-04
GO:0030174 *regulation of DNA-dependent DNA replication initiation*	MCM7, MCM3, MCM4, MCM5, MCM6, MCM2	1,50E-06	5,41E-04
GO:0048488 *synaptic vesicle endocytosis*	DNM3, NAPB, SYT1, AMPH, SYP, DNM1, STX1A, VAMP2, PICALM	1,98E-06	6,14E-04
GO:0016079 *synaptic vesicle exocytosis*	SNAP25, STX1B, RAB3A, SYT1, CADPS, STX1A, VAMP2	5,93E-06	0,0016
GO:0006906 *vesicle fusion*	STX12, SNAP25, STX1B, STX7, STX1A, SYT7, VAMP2, VTI1B	6,80E-06	0,0016
GO:0010807 *regulation of synaptic vesicle priming*	NAPB, STX1B, RAB3A, STXBP1, STX1A	9,23E-06	0,0017

TABLA 1.

Resultados del análisis de enriquecimiento funcional de las 384 proteínas con expresión diferencial en ratones *knock-out* para el gen STXBP1 (Van Berkel *et al.*, 2022). Se muestran los 10 procesos biológicos más significativos, de un total de 225. FDR: False Discovery Rate.

ADN. Mediante estas estrategias, se puede avanzar en el conocimiento de la interacción entre moléculas biológicas y profundizar en los procesos biológicos subyacentes.

Ejemplo 2: análisis de proteínas implicadas en el síndrome de Klinefelter

El síndrome de Klinefelter es la causa genética más común de infertilidad masculina (Zhao *et al.*, 2023). Se produce por la presencia de un cromosoma X adicional (cariotipo 47, XXY), y tiene una incidencia estimada de 1:500/1.000 por cada varón vivo (Sá *et al.*, 2023). Los individuos afectados por esta condición se caracterizan por presentar alta estatura, pequeño tamaño genital y características propias de un fenotipo femenino (proporciones corporales, distribución capilar y de la grasa), aunque al tratarse de un fenotipo altamente variable, una gran proporción de casos no se llega a diagnosticar (Madsen *et al.*, 2023; Sá *et al.*, 2023). Asimismo, es frecuente que aparezcan trastornos endocrinos (osteoporosis, obesidad, diabetes), musculares, cardiovasculares, autoinmunes, neurocognitivos y reproductivos (Sá *et al.*, 2023).

Para conocer las proteínas que se han descrito en relación con esta alteración, se puede utilizar la base de datos Phenopedia (Yu *et al.*, 2010) (http://www.hugenavigator.net/HuGENavigator/startPagePhenoPedia.do).

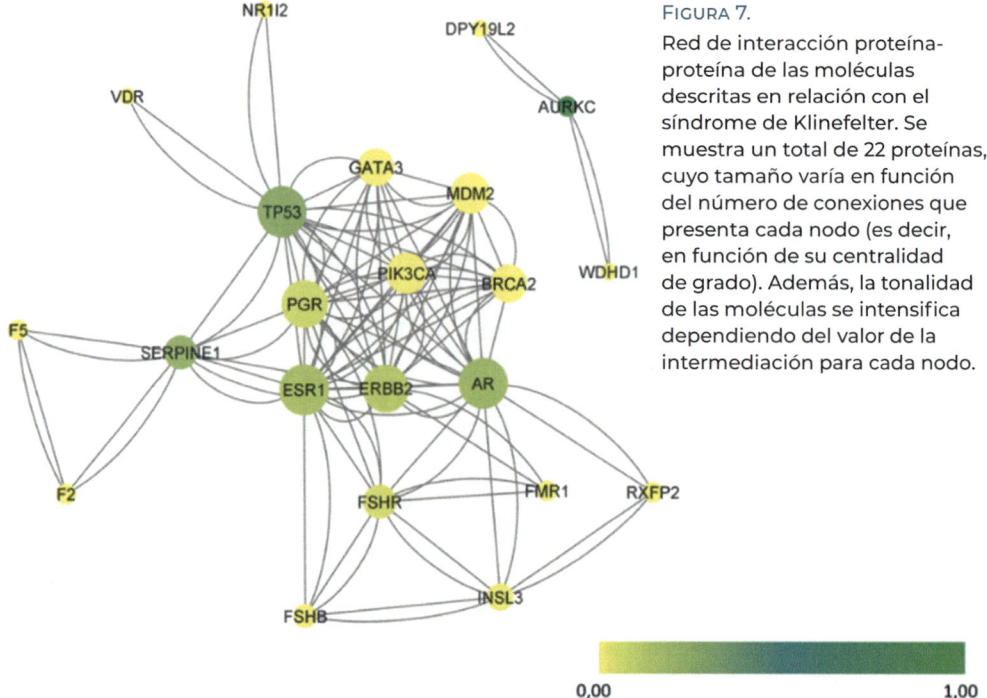

FIGURA 7.
Red de interacción proteína-proteína de las moléculas descritas en relación con el síndrome de Klinefelter. Se muestra un total de 22 proteínas, cuyo tamaño varía en función del número de conexiones que presenta cada nodo (es decir, en función de su centralidad de grado). Además, la tonalidad de las moléculas se intensifica dependiendo del valor de la intermediación para cada nodo.

0,00   1,00

Para el caso concreto del síndrome de Klinefelter, se han reportado un total de 22 proteínas asociadas. Al introducir este listado en STRING (https://string-db.org/), se puede obtener la relación completa de interacciones proteína-proteína que se establecen entre las diferentes moléculas de nuestro sistema, y con esta información se puede construir una red utilizando el *software* Cytoscape (https://cytoscape.org/). Además, al tratarse de un programa especializado en análisis informacional de redes, permite analizar los elementos que componen la misma. Gracias a esta funcionalidad, por ejemplo, se pueden detectar los nodos más importantes dentro del sistema en términos de parámetros de centralidad (Figura 7). Para ello, se pueden determinar parámetros como la centralidad de grado o *degree*, que denota el número de conexiones que presenta un nodo dado; o la intermediación o *betweenness*, que hace referencia a la medida en que un nodo actúa como puente entre otros nodos de la red. A través de la determinación de estos sencillos parámetros de la red se pueden establecer cuáles son los elementos más relevantes dentro del sistema, y tratar de trazar estrategias para modular su expresión o actividad.

Adicionalmente, mediante g:Profiler (https://biit.cs.ut.ee/gprofiler) se puede realizar un análisis de enriquecimiento funcional con el objetivo de profundizar en el contexto biológico del sistema de estudio (Figura 8). Como procesos biológicos más significativos en los que este grupo de proteínas se encuentran enriquecidos destaca el desarrollo de características sexuales primarias (FDR = $1,957\times10^{-9}$), desarrollo gonadal (FDR = $1,957\times10^{-9}$), diferenciación sexual (FDR = $7,513\times10^{-9}$), desarrollo del aparato reproductor (FDR = $8,961\times10^{-9}$) y desarrollo de estructuras reproductoras (FDR = $8,961\times10^{-9}$).

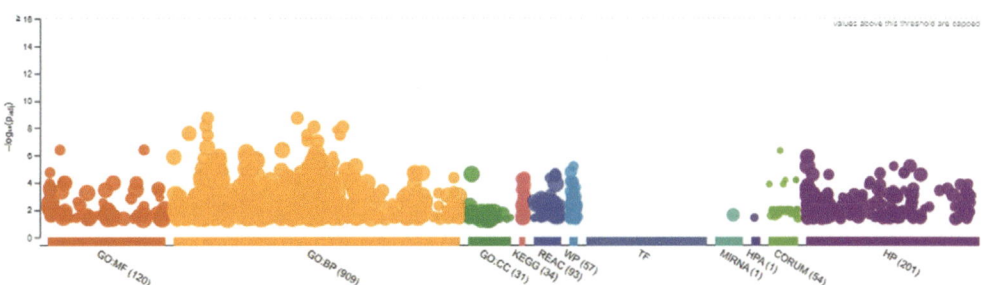

FIGURA 8.

Resultado del análisis de enriquecimiento funcional de las moléculas implicadas en el síndrome de Klinefelter mediante la plataforma g:Profiler (https://biit.cs.ut.ee/gprofiler). Se muestra información de las bases de datos de Gene Ontology (GO) para funciones moleculares (GO:MF), procesos biológicos (GO:BP) y componentes celulares (GO:CC), así como para la Enciclopedia Kyoto de los Genes y Genomas (KEGG), Reactome (REAC), Wiki Pathways (WP), Factores de Transcripción (TF), microRNAs (MIRNA), *Human Protein Atlas* (HPA), CORUM y Human Phenotypes (HP).

CONCLUSIONES Y PERSPECTIVAS FUTURAS

La integración de las tecnologías ómicas, que miden simultáneamente miles de moléculas en una muestra biológica compleja y entre las que se incluye la proteómica, representa el núcleo de la biología de sistemas. Estas tecnologías han tenido un impacto importante en el descubrimiento de biomarcadores y dianas terapéuticas en la era de la medicina de precisión. Impulsada por las tecnologías ómicas de alta resolución y la utilización de herramientas computacionales de alto rendimiento, la biología de sistemas aporta una visión relevante, resolutiva y multiescala de los sistemas biológicos en diferentes contextos. La combinación de estas técnicas favorece la extracción de información biológica completa y a nivel holístico, lo que tiene como resultado una visualización intuitiva e inteligible de los resultados. Sin embargo, y a pesar de tratarse de una herramienta prometedora, la traducción de estas tecnologías en herramientas clínicamente útiles sigue siendo lenta, pues la transferencia de conocimiento es una tarea ardua.

Las presentes herramientas computacionales para el análisis de datos de proteómica suponen una pieza clave en la interpretación de los mismos. Además, se trata de un campo en evolución constante y que con total seguridad durante los próximos años será capaz de proporcionar recursos que ayuden a la contextualización biológica y a una mejor comprensión del funcionamiento de los sistemas biológicos.

BIBLIOGRAFÍA

Aloy, P. y Russell, R. (2006). Structural systems biology: modelling protein interactions. *Nature Reviews Molecular Cell Biology*, 7, 188-197. DOI: 10.1038/nrm1859

Ashburner, M., Ball, C., Blake, J. A., Botstein, D., Butler, H., Cherry, J. M., Davis, A. P., Dolinski, K., Dwight, S. S., Eppig, J. T., Harris, M. A., Hill, D. P., Issel-Tarver, L., Kasarskis, A., Lewis, S., Matese, J. C., Richardson, J. E., Ringwald, M., Rubin, G. M. y Sherlock, G. (2000). Gene ontology: tool for the unification of biology. The Gene Ontology Consortium. *Nature Genetics*, 25(1), 25-29. DOI: 10.1038/75556

Benito-Martín, A. y Peinado, H. (2015). FunRich proteomics software analysis, let the fun begin! *Proteomics*, 15(15), 2555-2556. DOI: 10.1002/pmic.201500260

Bindea, G., Mlecnik, B., Hackl, H., Charoentong, P., Tosolini, M., Kirilovsky, A., Fridman, W. H., Pagès, F., Trajanoski, Z. y Galon, J. (2009). ClueGO: a Cytoscape plug-in to decipher functionally grouped gene ontology and pathway annotation networks. *Bioinformatics*, 25(8), 1091-1093. DOI: 10.1093/bioinformatics/btp101

Blanchard, J. L. (2004). Bioinformatics and systems biology, rapidly evolving tools for interpreting plant response to global change. *Field Crops Research*, 90(1), 117-131. DOI: 10.1016/j.fcr.2004.07.015

Carnielli, C. M., Winck, F. V. y Paes Leme, A. F. (2015). Functional annotation and biological interpretation of proteomics data. *Biochimica et Biophysica Acta (BBA) - Proteins and Proteomics*, 1854(1), 46-54. DOI: 10.1016/j.bbapap.2014.10.019

Chen, E. Y., Tan, C. M., Kou, Y., Duan, Q., Wang, Z., Meirelles, G. V., Clark, N. R. y Ma'ayan, A. (2013). Enrichr: interactive and collaborative HTML5 gene list enrichment analysis tool. *BMC Bioinformatics*, 128, 14. DOI: 10.1186/1471-2105-14-128

Chen, W. W., Niepel, M. y Sorger, P. K. (2010). Classic and contemporary approaches to modeling biochemical reactions. *Genes & Development*, 24(17), 1861-1875. DOI: 10.1101/gad.1945410

Croft, D., O'Kelly, G., Wu, G., Haw, R., Gillespie, M., Matthews, L., Caudy, M., Garapati, P., Gopinath, G., Jassal, B., Jupe, S., Kalatskaya, I., Mahajan, S., May, B., Ndegwa, N., Schmidt, E., Shamovsky, V., Yung, C., Birney, E., Hermjakob, H., D'Eustachio, P. y Stein, L. (2011). Reactome: a database of reactions, pathways and biological processes. *Nucleic Acids Research*, 39(Database issue), D691-D697. DOI: 10.1093/nar/gkq1018

Curtis, R. K., Oresic, M. y Vidal-Puig, A. (2005). Pathways to the analysis of microarray data. *Trends in Biotechnology*, 23(8), 429-435. DOI: 10.1016/j.tibtech.2005.05.011

Dennis, G. J., Sherman, B. T., Hosack, D. A., Yang, J., Gao, W., Lane, H. C. y Lempicki, R. A. (2003). DAVID: Database for annotation, visualization and integrated discovery. *Genome Biology*, 4(5), P3.

32

Díaz-Beltrán, L., Cano, C., Wall, D. P., Esteban, F. J. (2013). Systems biology as a comparative approach to understand complex gene expression in neurological diseases. *Behavioral Sciences (Basel)*, *3*(2), 253-272. DOI: 10.3390/bs3020253

Fabregat, A., Sidiropoulos, K., Garapati, P., Gillespie, M., Hausmann, K., Haw, R., Jassal, B., Jupe, S., Korninger, F., McKay, S., Matthews, L., May, B., Milacic, M., Rothfels, K., Shamovsky, V., Webber, M., Weiser, J., Williams, M., Wu, G., Stein, L., Hermjakob, H. y D'Eustachio, P. (2016). The Reactome pathway knowledgebase. *Nucleic Acids Research*, *44*(D1), D481-D487. DOI: 10.1093/nar/gkv1351

Fonseka, P., Pathan, M., Chitti, S. V., Kang, T. y Mathivanan, S. (2021). FunRich enables enrichment analysis of OMICs datasets. *Journal of Molecular Biology*, 166747. DOI: 10.1016/j.jmb.2020.166747

Gene Ontology Consortium. (2021). The Gene Ontology resource: enriching a GOld mine. *Nucleic Acids Research*, *49*(D1), D325-D334. DOI: 10.1093/nar/gkaa1113

Hill, D. P., Smith, B., McAndrews-Hill, M. S. y Blake, J. A. (2008). Gene Ontology annotations: what they mean and where they come from. *BMC Bioinformatics*, *9* (Suppl. 5), S2. DOI: 10.1186/1471-2105-9-S5-S2

Huang, D., Sherman, B. y Lempicki, R. (2009). Systematic and integrative analysis of large gene lists using DAVID bioinformatics resources. *Nature Protocols*, *4*(1), 44–57. DOI: 10.1038/nprot.2008.211

Kanehisa, M. y Goto, S. (2000). KEGG: Kyoto encyclopedia of genes and genomes. *Nucleic Acids Research*, *28*(1), 27-30. DOI: 10.1093/nar/28.1.27

Kuleshov, M. V., Jones, M. R., Rouillard, A. D., Fernandez, N. F., Duan, Q., Wang, Z., Koplev, S., Jenkins, S. L., Jagodnik, K. M., Lachmann, A., McDermott, M. G., Monteiro, C. D., Gundersen, G. W. y Ma'ayan, A. (2016). Enrichr: a comprehensive gene set enrichment analysis web server 2016 update. *Nucleic Acids Research*, gkw377. DOI: 10.1093/nar/gkw377

Lavallée-Adam, M. y Yates J. R. (3rd. ed.) (2016). Using PSEA-Quant for protein set enrichment analysis of quantitative mass spectrometry-based proteomics. *Current Protocols in Bioinformatics*, *53*, 13.28.1-13.28.16. DOI: 10.1002/0471250953.bi1328s53

Liao, Y., Wang, J., Jaehnig, E. J., Shi, Z. y Zhang, B. (2019). WebGestalt 2019: gene set analysis toolkit with revamped UIs and APIs. *Nucleic Acids Research*, *47*(W1), W199-W205. DOI: 10.1093/nar/gkz401

Madsen, A., Juul, A. y Aksglaede, L. (2023). Biochemical identification of prepubertal boys with Klinefelter syndrome by combined reproductive hormone profiling using machine learning. *Endocrine Connections*, *12*(5), e220537. DOI: 10.1530/EC-22-0537

Maere, S., Heymans, K. y Kuiper, M. (2005). BiNGO: a Cytoscape plugin to assess overrepresentation of Gene Ontology categories in Biological Networks. *Bioinformatics*, *21*(16), 3448-3449. DOI: 10.1093/bioinformatics/bti551

Mignot, C., Moutard, M. L., Trouillard, O., Gourfinkel-An, I., Jacquette, A., Arveiler, B., Morice-Picard, F., Lacombe, D., Chiron, C., Ville, D., Charles, P., LeGuern, E., Depienne, C. y Héron, C. (2011). STXBP1-related encephalopathy presenting as infantile spams and generalized tremor in three patients. *Epilepsia*, *52*(10), 1820-1827. DOI: 10.1111/j.1528-1167.2011.03163.x

Montojo, J., Zuberi, K., Rodríguez, H., Kazi, F., Wright, G., Donaldson, S. L., Morris, Q. y Bader, G. D. (2010). GeneMANIA Cytoscape plugin: fast gene function predictions on the desktop. *Bioinformatics, 26*(22), 2927-2928. DOI: 10.1093/bioinformatics/btq562

Murillo, E. (2020). Características de las personas con el síndrome STXBP1 en España: implicaciones para el diagnóstico. *Anales de Pediatría, 92*(2), 71-78. DOI: 10.1016/j.anpedi.2019.04.008

Nadeau, R., Byvsheva, A. y Lavallée-Adam, M. (2021). PIGNON: a protein–protein interaction-guided functional enrichment analysis for quantitative proteomics. *BMC Bioinformatics, 22*, 302. DOI: 10.1186/s12859-021-04042-6

Ogata, H., Goto, S., Sato, K., Fujibuchi, W., Bono, H. y Kanehisa, M. (1999). KEGG: Kyoto Encyclopedia of Genes and Genomes. *Nucleic Acids Research, 27*(1), 29-34. DOI: 10.1093/nar/27.1.29

Raudvere, U., Kohlberg, L., Kuzmin, I., Arak, T., Adler, P., Peterson, H. y Vilo, J. (2019). g:Profiler: a web server for functional enrichment analysis and conversions of gene lists (2019 update). *Nucleic Acids Research, 47*(W1), W191-W198. DOI: 10.1093/nar/gkz369

Robinson, S. W., Fernandes, M. y Husi, H. (2014). Current advances in systems and integrative biology. *Computational and Structural Biotechnology Journal, 11*(18), 35-46. DOI: 10.1016/j.csbj.2014.08.007

Sá, R., Ferraz, L., Barros, A. y Sousa, M. (2023). The Klinefelter Syndrome and Testicular Sperm Retrieval Outcomes. *Genes (Basel), 14*(3), 647. DOI: 10.3390/genes14030647

Schneider, H. C. y Klabunde, T. (2013). Understanding drugs and diseases by systems biology? *Bioorganic and Medicinal Chemistry Letters, 23*(5), 1168-1176. DOI: 10.1016/j.bmcl.2012.12.031

Schmidt, A., Forne, I. e Imhof, A. (2014). Bioinformatic analysis of proteomics data. *BMC Systems Biology, 8*(Suppl 2), S3. DOI: 10.1186/1752-0509-8-S2-S3

Schölz, C., Lyon, D., Refsgaard, J. C., Jensen, L. J., Choudhary, C. y Weinert, B. T. (2015). Avoiding abundance bias in the functional annotation of post-translationally modified proteins. *Nature Methods, 12*(11), 1003-1004. DOI: 10.1038/nmeth.3621

Shannon, P., Markiel, A., Ozier, O., Baliga, N. S., Wang, J. T., Ramage, D., Amin, N., Schwikowski, B. e Ideker, T. (2003). Cytoscape: a software environment for integrated models of biomolecular interaction network. *Genome Research, 13*(11), 2498-2504. DOI: 10.1101/gr.1239303

Sherman, B. T., Hao, M., Qiu, J., Jiao, X., Baseler, M. W., Lane, H. C., Imamichi, T. y Chang, W. (2022). DAVID: a web server for functional enrichment analysis and functional annotation of gene lists (2021 update). *Nucleic Acids Research, 50*(W1), W216-W221. DOI: 10.1093/nar/gkac194

Stein, L. D. (2004). Using the Reactome database. *Current Protocols in Bioinformatics, 8*, 8.7. DOI: 10.1002/0471250953.bi0807s7

Szklarczyk, D., Franceschini, A., Wyder, S., Forslund, K., Heller, D., Huerta-Cepas, J., Simonovic, M., Roth, A., Santos, A., Tsafou, K. P., Kuhn, M., Bork, P., Jensen, L. J. y von Mering, C. (2015). STRING v10: protein-protein interaction networks, integrated over the tree of life. *Nucleic Acids Research, 43*(Database issue), D447-D452. DOI: 10.1093/nar/gku1003

Tebani, A., Afonso, C., Marret, S. y Bekri, S. (2016). Omics-Based Strategies in Precision Medicine: Toward a Paradigm Shift in Inborn Errors of Metabolism Investigations. *International Journal of Molecular Sciences*, *17*(9), 1555. DOI: 10.3390/ijms17091555

Tipney, H. y Hunter, L. (2010). An introduction to effective use of enrichment analysis software. *Human Genomics*, *4*, 202. DOI: 10.1186/1479-7364-4-3-202

Tyanova, S., Temu, T., Sinitcyn, P., Carlson, A., Hein, M. Y., Geiger, T., Mann, M. y Cox, J. (2016). The Perseus computational platform for comprehensive analysis of (prote)omics data. *Nature Methods*, *13*, 731-740. DOI: 10.1038/nmeth.3901

Ünalp, A., Gazeteci Tekin, H., Karaoğlu, P. y Akişin, Z. (2022). Benefits of ketogenic diet in a pediatric patient with Ehlers-Danlos syndrome and *STXBP1*-related epileptic encephalopathy. *International Journal of Neuroscience*, *132*(9), 950-952. DOI: 10.1080/00207454.2020.1858825

Van Berkel, A. A., Koopmans, F., González-Lozano, M. A., Lammertse H. C. A., Feringa, F., Bryois, J., Sullivan, P. F., Smit, A. B., Toonen, R. F. y Verhage, M. (2022). Dysregulation of synaptic and developmental transcriptomic/proteomic profiles upon depletion of MUNC18-1. *eNeuro*, *9*(6), ENEURO.0186-22.2022. DOI: 10.1523/ENEURO.0186-22.2022

Vargas, E., Díaz Beltrán, L. y Esteban, F. J. (2019). Integración y análisis de datos mediante biología de sistemas. En J. Peragón Sánchez y M. A. Peinado Herreros (Eds.), *Biología Molecular y Celular. Volumen I. Técnicas y fundamentos* (43-72). Editorial Universidad de Jaén.

Warde-Farley, D., Donaldson, S. L., Comes, O., Zuberi, K., Badrawi, R., Chao, P., Franz, M., Grouios, C., Kazi, F., Lopes, C. T., Maitland, A., Mostafavi, S., Montojo, S., Shao, Q., Wright, G., Bader, G. D. y Morris, Q. (2010). The GeneMANIA prediction server: biological network integration for gene prioritization and predicting gene function. *Nucleic Acids Research*, *38* (Web Server issue), W214-220. DOI: 10.1093/nar/gkq537

Wijesooriya, K., Jadaan, S.A., Perera, K.L., Kaur, T. y Ziemann, M. (2022). Urgent need for consistent standards in functional enrichment analysis. *PLOS Computational Biology*, *18*(3), e1009935. DOI: 10.1371/journal.pcbi.1009935

Xie, Z., Bailey, A., Kuleshov, M. V., Clarke, D. J. B., Evangelista, J. E., Jenkins, S. L., Lachmann, A., Wojciechowicz, M. L., Kropiwnicki, E., Jagodnik, K. M., Jeon, M. y Ma'ayan, A. (2021). Gene set knowledge discovery with Enrichr. *Current Protocols*, *1*, e90. DOI: 10.1002/cpz1.90

Yang, P., Broadbent, R., Prasad, C., Levin, S., Goobie, S., Knoll, J. H. y Prasad, A. N. (2021). *De novo STXBP1* mutations in two patients with development delay with or without epileptic seizures. *Frontiers in Neurology*, *12*, 804078. DOI: 10.3389/fneur.2021.804078

Yu, W., Clyne, M., Khoury, M. J. y Gwinn, M. (2010). Phenopedia and Genopedia: disease-centered and gene-centered views of the evolving knowledge of human genetic associations. *Bioinformatics*, *26*(1), 145-146. DOI: 10.1093/bioinformatics/btp618

Zhao, L. Y., Li, P., Yao, C. C., Tian, R. H., Tang, Y. X., Chen, Y. Z., Zhou, Z., Li, Z. (2023). Low *XIST* expression in Sertoli cells of Klinefelter syndrome patients causes high susceptibility of these cells to an extra X chromosome. *Asian Journal of Andrology*, in press. DOI: 10.4103/aja202315

Zito, A., Lualdi, M., Granata, P., Cocciadiferro, D., Novelli, A., Alberio, T., Casalone, R. y Fasano, M. (2021). Gene Set Enrichment Analysis of Interaction Networks Weighted by Node Centrality. *Frontiers in Genetics, 12*, 577623. DOI: 10.3389/fgene.2021.577623

Preguntas de autoevaluación

1. Define Biología de Sistemas.
2. ¿Cuál es el significado de las siglas GSEA? Nombra dos plataformas mediante las que se pueda realizar un análisis de enriquecimiento funcional.
3. ¿En torno a qué año surgieron las bases de datos Gene Ontology (GO) y Kyoto Encyclopedia of Genes and Genomes (KEGG)?
4. Los 3 dominios en los que se divide la nomenclatura de Gene Ontology son...
5. Verdadero/Falso: Reactome funciona únicamente como repositorio de procesos biológicos.
6. Verdadero/Falso: DAVID permite visualizar dominios y motivos funcionales de proteínas de interés.
7. Verdadero/Falso: g:Profiler es una plataforma de pago que se utiliza para realizar análisis de enriquecimiento funcional.
8. Nombra dos *plugins* que puedan instalarse en Cytoscape para aumentar su funcionalidad.
9. ¿Qué utilidad tiene la centralidad de grado o *degree* en un análisis de redes?
10. Realiza un esquema de los principales pasos que se deben llevar a cabo en un análisis clásico de datos procedentes de la aplicación de tecnologías ómicas de alta resolución.

Respuestas correctas

1. Disciplina encargada de integrar y analizar datos biológicos a diferentes niveles utilizando métodos computacionales.
2. Gene Set Enrichment Analysis. DAVID, g:Profiler (por ejemplo).
3. En torno al año 2000.
4. BP (procesos biológicos), CC (componentes celulares) y MF (funciones moleculares).
5. Falso.
6. Verdadero.
7. Falso.
8. ClueGO, BiNGO.
9. Permite conocer la importancia de un nodo dentro de una red.
10. Planteamiento de la pregunta biológica – obtención del material biológico de interés – aplicación de tecnologías ómicas – identificación y cuantificación de moléculas de interés –.

Competencias

Código	Denominación de la competencia
CE2-1	Conocer los fundamentos, técnicas y aplicaciones de la proteómica, genómica, bioinformática y biología de sistemas
CE2-3	Conocer y manejar bases de datos y programas de bioinformática
CE2-4	Realizar análisis de datos masivos ómicos
CG1	Manejar bibliografía y documentación científica en inglés
CG7	Saber utilizar y sacar el máximo rendimiento de las herramientas bioinformáticas, estadísticas y matemáticas

RESUMEN

Las proteínas mal plegadas, aparte de perder su funcionalidad, forman agregados y estos fibrillas y placas que son tóxicos. Mantener las proteínas correctamente plegadas es una de las mayores obligaciones de una célula. Para evitar el mal plegamiento y para, en caso de que esto no sea suficiente, destruir la proteína, se dedica una extensa maquinaria y un gasto energético considerable. Finalmente, las enfermedades y el envejecimiento modifican, de una parte, las proteínas haciendo que no se plieguen bien o se desplieguen y, de otra, reducen la capacidad del sistema homeostático.

PALABRAS CLAVE: *amiloidosis, Alzheimer, priones, plegamiento proteínas, chaperonas.*

ABSTRACT

Misfolded proteins, apart from losing their functionality, form aggregates and these form fibrils and plaques that are toxic. Keeping proteins correctly folded is one of the major obligations of a cell. To prevent misfolding and, in case this is not enough, to destroy the protein, an extensive machinery and considerable energy expenditure are dedicated. Finally, diseases and aging, on the one hand, preventing them from folding or unfolding correctly and, on the other hand, reducing the capacity of the homeostatic system.

KEYWORDS: *amyloidosis, Alzheimer, prions, protein folding, chaperones.*

02
PROTEÍNAS MAL PLEGADAS, ENVEJECIMIENTO Y ENFERMEDAD

Antonio Sánchez Pozo*

"Errores en el plegamiento de las proteínas pueden iniciar un mecanismo de autoperpetuación. Se pueden sintetizar proteínas especiales, las cuales pueden convertirse por esta clase de errores en polipéptidos fatales"
(Orgel LE)

* Departamento de Bioquímica y Biología Molecular II. Universidad de Granada. Email sanchezp@go.ugr.es. https://sanchezpozoantonio.blogspot.com/

PROTEÍNAS MAL PLEGADAS Y SU PAPEL EN EL ALZHEIMER Y OTRAS ENFERMEDADES NEURODEGENERATIVAS

El plegamiento de las proteínas es crucial para su función, y el plegamiento defectuoso es causa de enfermedades y es también un factor involucrado en el envejecimiento. En este capítulo vamos a analizar las consecuencias del mal plegamiento de las proteínas con ejemplos, empezando con la enfermedad de Alzheimer.

La enfermedad de Alzheimer, el Parkinson, la enfermedad de Huntington, la enfermedad de Creutzfeldt-Jacob, la enfermedad de Heidenhain (pérdida de la visión), la enfermedad de Brownell-Oppenheimer (ataxia cerebelosa), la enfermedad de Gertsmann-Straüsler-Scheinker, la esclerosis amiotrófica lateral, los síndromes epilépticos, el insomnio fatal familiar y el kuru son trastornos neurodegenerativos que afectan al sistema nervioso central y se caracterizan por un síndrome amnésico (pérdida memoria), trastornos visio espaciales (desorientación), trastornos del lenguaje (pérdida de palabras aisladas), trastornos de los gestos intencionales, trastornos de las funciones ejecutivas, deterioro mental progresivo, trastorno motor incapacitante, mioclonías faciales y crisis epilépticas. Obviamente no todos los síntomas aparecen en todas las enfermedades, ni siquiera en la misma enfermedad, dependiendo del grado de afectación. Pero es destacable su similitud, lo que indica que en su origen existen trastornos comunes.

En el caso de la enfermedad de Creutzfeldt-Jacob, lo más sorprendente es que puede ser infectiva. Probablemente se recuerde la alarma social que se creó con el así llamado mal de las vacas locas en 1996, una enfermedad similar a la Creutzfeldt-Jacob, que obligó a sacrificar miles de animales. La causa de la enfermedad fue atribuida a la alteración, pocos años antes, del método de fabricación de las harinas alimenticias preparadas a partir de los despojos de origen ovino rechazados en los mataderos. La infección de las vacas no parece reproducirse en los humanos, aunque no se puede descartar. Su descubrimiento dio lugar a una nueva categoría denominada enfermedades priónicas en las que también habría que incluir al kuru, en la que se ingiere cerebro. Se trata de un tipo de infección anormal, ya que es resistente a esterilización, no produce respuesta inmune y su periodo de incubación es de meses-años.

Los trastornos orgánicos de todas estas enfermedades son una pérdida neuronal, especialmente de las células de Purkinje, afectando al hipocampo, astrogliosis, vacuolización citoplasmática de neuronas y células gliales, ovillos neurofibrilares y placas amiloides. En la figura 1 se muestra un dibujo de las células de Purkinje. Nótese la enorme cantidad de ramificaciones y que su pérdida afecte muy negativamente a la interconexión de neuronas y por tanto explicar por qué se afectan las funciones de relación que hemos descrito más arriba.

La astrogliosis es un proceso inflamatorio, esto es la respuesta del organismo a situaciones como la destrucción celular, por ejemplo, una

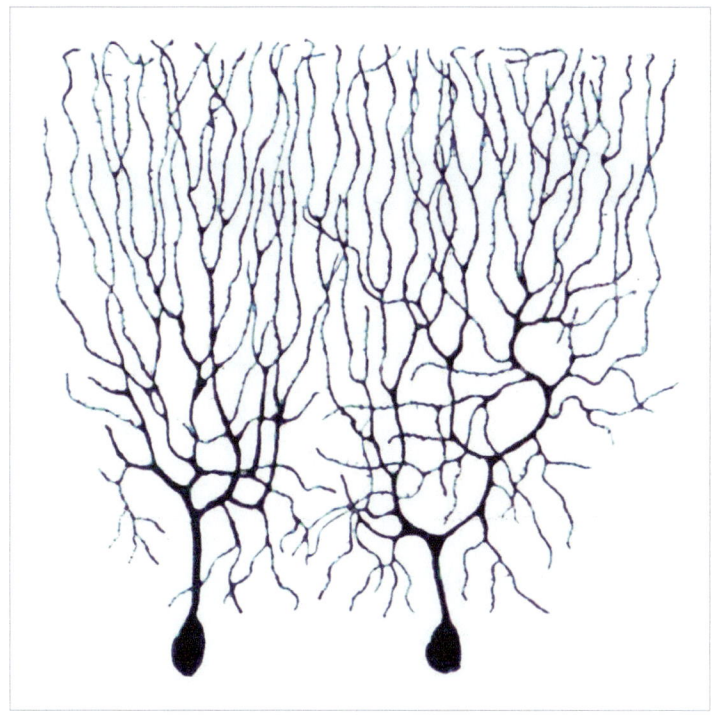

herida o, en nuestro caso, la destrucción de las neuronas. La respuesta inflamatoria puede considerarse como positiva, ya que elimina un peligro, o negativa, ya que suele conducir a la destrucción del tejido circundante. En casi todas las enfermedades se produce, de ahí que sea siempre tratada con algún antiinflamatorio, lo que mejora el curso de la enfermedad. La astrogliosis también ataca a las placas amiloides y similares, lo que reduce la peligrosidad de estas.

Otra característica de estas enfermedades es que son crónicas, progresivas y de aparición tardía. Estas características están relacionadas con el acúmulo de materiales, como ocurre en la aterosclerosis, en la que se acumula el colesterol. La vacuolización citoplasmática, descrita también como encefalopatía espongiforme indica que se produce acumulación de materiales y agua dentro de las neuronas y otras células del sistema nervioso central, denominadas glía. Las alteraciones en estas células gliales deben ser tenidas en consideración, ya que la pérdida de estas células afecta muy negativamente a la supervivencia de las neuronas.

Los materiales acumulados adoptan la forma de ovillos neurofibrilares dentro de las células y de placas amiloides dentro y, sobre todo, fuera de las mismas. La acumulación intracelular afecta al normal funcionamiento de la neurona y acaba por destruirla cuando la cantidad acumulada es muy grande. La acumulación extracelular dificulta las conexiones neuronales, afectando a su función y también induce, a través de su interacción con receptores, la necrosis.

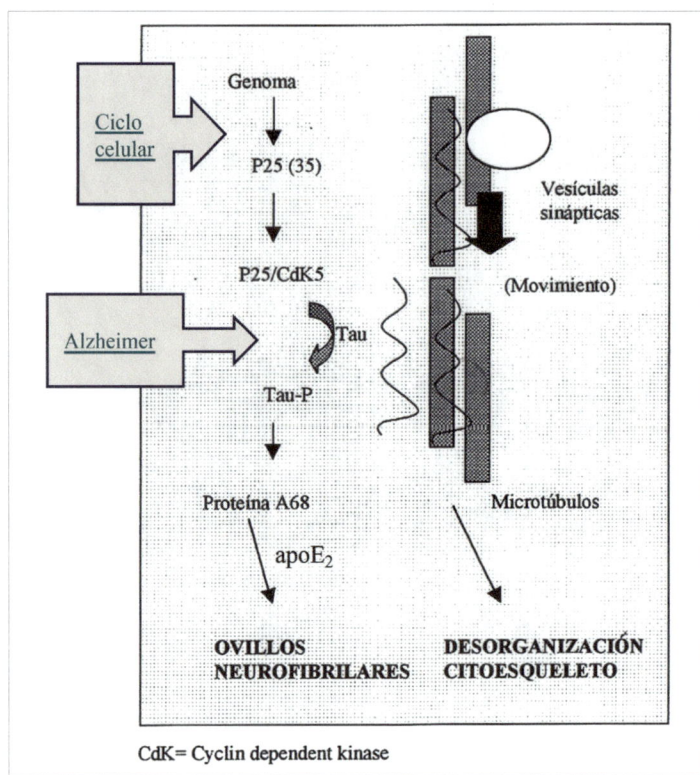

Figura 2.
Esquema de la formación de los ovillos neuronales P25, proteína 25, CdK5, ciclina dependiente de kinasa 5, Tau, proteína Tau, Tau-P, proteína Tau fosforilada, apo E2, apoproteína E2.

Ovillos neurofibrilares

En la figura 2 se muestra un esquema de la formación de los ovillos neuronales y cómo se afecta la neurona. Se han representado los microtúbulos y las vesículas sinápticas, que se mueven a lo largo de los mismos. Así, moviéndose a lo largo del camino que marcan los microtúbulos las vesículas llegan hasta el polo apical y finalmente vierten su contenido en neurotransmisores al espació sináptico, lo que origina el impulso nervioso. Los microtúbulos se mantienen unidos gracias a proteínas como la Tau (en la figura se representa como una hebra que se enrolla a los microtúbulos manteniéndolos unidos. Cuando la proteína Tau se separa, los microtúbulos se sueltan y se desorganizan. Esto supone la desorganización del citoesqueleto de la neurona y la imposibilidad de que las vesículas alcancen el sitio de liberación de los neurotransmisores. En otras palabras, la pérdida de la función.

La proteína Tau se separa de los microtúbulos cuando se fosforila. La proteína fosforilada forma aglomerados de proteína conocidos como proteína A68, que finalmente constituyen junto a otras proteínas los ovillos neurofibrilares. Estos aglomerados de proteína son responsables en parte de la vacuolización a la que antes nos hemos referido más arriba y pueden llegar a destruir la célula. La formación de A68 es fácil dado el carácter fibrilar de la proteína Tau. En el Alzheimer se cree que la fosforilación puede resultar de alteraciones en la propia proteína o de alteraciones en las quinasas y fosfatasas asociadas. La fosforilación es catalizada por ciclinas como la P25/CDK5 que se expresan durante el ciclo celular (como se indica en la figura), lo que indica que este proceso es un proceso normal en las células que ocurre cuando se dividen, momento en el cual es necesario que la célula pierda la forma. Junto con los cambios en la fosforilación, la proteína Tau sufre múltiples recortes que alteran su conformación favoreciendo muchos de ellos la formación de agregados. En este sentido resulta de particular interés la influencia de la apoproteína E2, una chaperona, que favoreciendo algunas conformaciones anormales promueve la formación de los ovillos neurofibrilares. De ahí que se estén realizando ensayos clínicos con inhibidores de esta proteína para el tratamiento de muchas enfermedades neurodegenerativas.

Placas amiloides

Las placas se denominan amiloides por la característica que presentan de teñirse con colorantes que tiñen al almidón. Se trata de aglomerados del péptido amiloide. Normalmente engloban neuritas distróficas procedentes de neuronas, astrocitos y microglía destruidos. Se las conoce también como placas seniles, en alusión a su presencia en la vejez. La presencia de neuritas distróficas en las placas, que se pueden visualizar con métodos inmunohistoquímicos para ubiquitina y proteínas lisosomales, nos indica que en ella hay un intento de degradar la acumulación anormal de proteínas.

En la figura 3 se muestra un esquema de la formación de las placas amiloides. El péptido amiloide o beta amiloide (Aβ) se forma por la degradación del precursor proteico amiloide (APP), una glicoproteína transmembrana. La degradación se produce además de por el normal recambio proteico, cuando el APP no es conducido a la membrana por las proteínas colaboradoras de transporte como las presenilinas I y II. La falta de algunas de estas proteínas origina que el APP no se inserte y en su totalidad se dirija al lisosoma para su destrucción. Igualmente, la degradación aumenta cuando existe una sobreproducción de APP. El APP se degrada, al igual que otras proteínas de gran tamaño, en los lisosomas. La mayor parte de la proteína se convierte en aminoácidos, pero hay una zona que no (en la figura se ha procurado distinguir esta zona en medio de otras partes de la proteína en negro). Esta zona es una zona especial de la proteína capaz de adoptar conformaciones en hoja plegada beta, una característica de las enfermedades amiloideas (ver claves de la formación de placas amiloides). Se pueden originar diferentes péptidos amiloides, siendo los más comunes el Aβ40 y Aβ42, de 40 y 42 aminoácidos respectivamente. Los distintos péptidos son el resultado de la acción de enzimas como las secretasas, un tipo de proteasas abundante en el sistema nervioso. El Aβ42 es más fibrogénico que el Aβ40 y, por lo tanto, el más peligroso. Mutaciones en el APP asociados con estadios iniciales de Alzheimer se relacionan con

43

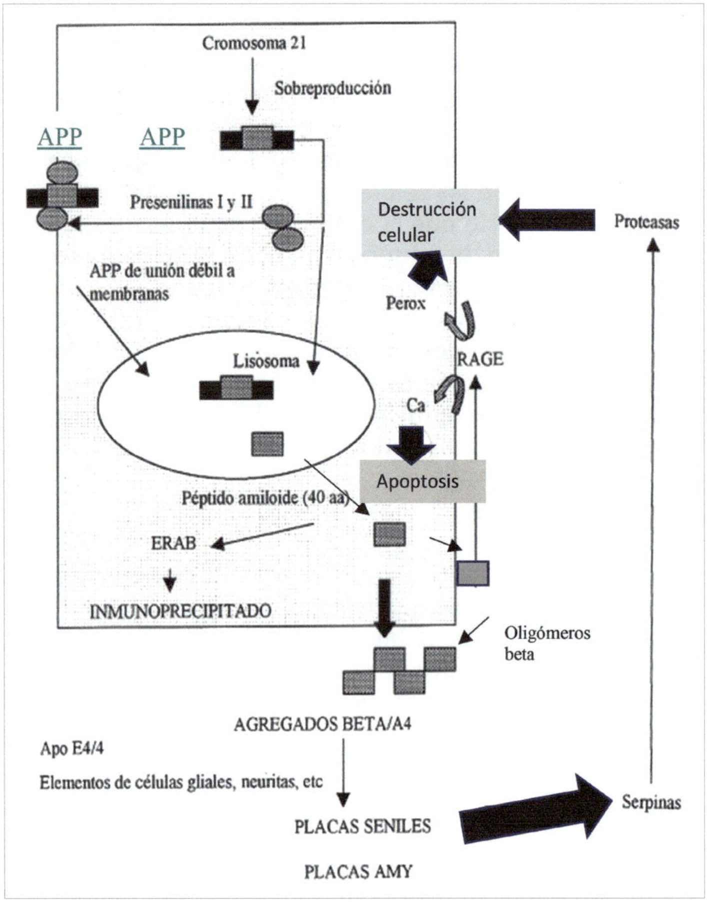

Figura 3.
Esquema de la formación
de las placas amiloides.
APP, precursor proteico
amiloide, ERAB, Endoplasmic
reticulum associated binding
protein, RAGE, receptores
de productos avanzados
de glicosilación, Perox,
peróxidos, Ca, calcio, BetaA4,
agregados beta amiloides,
apo E4/4, apoproteína E4.
AMY, amiloide.

un aumento en la producción de Aβ42 por lo que una terapia para combatir el Alzheimer se basa en regular la actividad de las secretasas para disminuir la producción de Aβ42 a favor de Aβ40.

Los péptidos amiloides son excretados por la célula. De no hacerlo, ello supondría un acúmulo intracelular que le conduciría a la muerte. Se sabe que interaccionan con elementos como el ERAB (Endoplasmic Reticulum Associated Binding protein) que altera la homeostasis de calcio intracelular y afecta a la función neuronal, especialmente a la colinérgica, y por otra parte favorece la inmunoprecipitación, que contribuye a la vacuolización ya mencionada.

Los depósitos amiloides no solo dificultan las interconexiones neuronales por acumularse entre ellas, sino que son tóxicos para las neuronas. La toxicidad es consecuencia de la alteración de la membrana que se origina al incorporarse oligómeros de los beta amiloides, que desorganizan la membrana, y de los efectos de los beta amiloides libres que interaccionan con diversos receptores. Los péptidos fuera de la célula interaccionan con receptores del tipo RAGE (receptores de productos avanzados de glicosilación). Estos receptores descritos inicialmente como responsables de la toxicidad de las proteínas glicosiladas en la diabetes alteran la homeostasis del calcio y la eliminación de peróxidos. Todo lo cual conduce a la muerte celular. También se sabe que las placas amiloides inhiben a las serpinas, lo que deja a las neuronas a merced de las proteasas circulantes, que las degradan. El resultado de todas estas interacciones activa las cascadas de señales que conducen a la apoptosis.

Existen varios mecanismos para eliminar los amiloides del cerebro. El drenaje del líquido intersticial, la fagocitosis microglía de los amiloides y el transporte a la circulación son algunos ejemplos. Las enzimas que degradan los amiloides también contribuyen a la eliminación, como la neprilisina, una endopeptidasa circulante, y la metaloproteinasa de matriz-9.

LAS CLAVES DE LA FORMACIÓN DE PLACAS AMILOIDES

La no degradación de los péptidos amiloides radica en su estructura como hojas plegadas beta. La hoja plegada beta permite la compactación de las cadenas paralelas, lo que favorece la agregación de cadenas individuales y la formación de fibras. Como se observa en la figura 4, se establecen enlaces entre cadenas vecinas que compactan el conjunto. Por el contrario, en las estructuras en alfa hélice, los enlaces se establecen entre los aminoácidos de la misma cadena. Esta diferencia hace que las hélices alfa originen estructuras en las que las cadenas polipeptídicas se mantienen separadas, mientras que las hojas plegadas beta se mantienen unidas. A diferencia de las estructuras alfa hélice, las hojas beta no permiten el ataque de endopeptidasas, que rompan la proteína en fragmentos, ya que no hay espacio entre cadenas, máxime cuando se aglomeran como fibras (sería equivalente a digerir la suela de un zapato). La degradación de la proteína solo puede acometerse por los extremos, lo que enlentece enormemente la degradación.

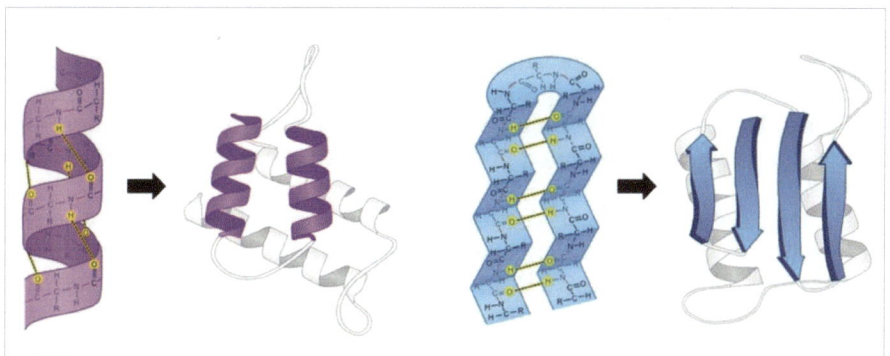

FIGURA 4.
Estructuras en alfa hélice y hoja plegada beta.

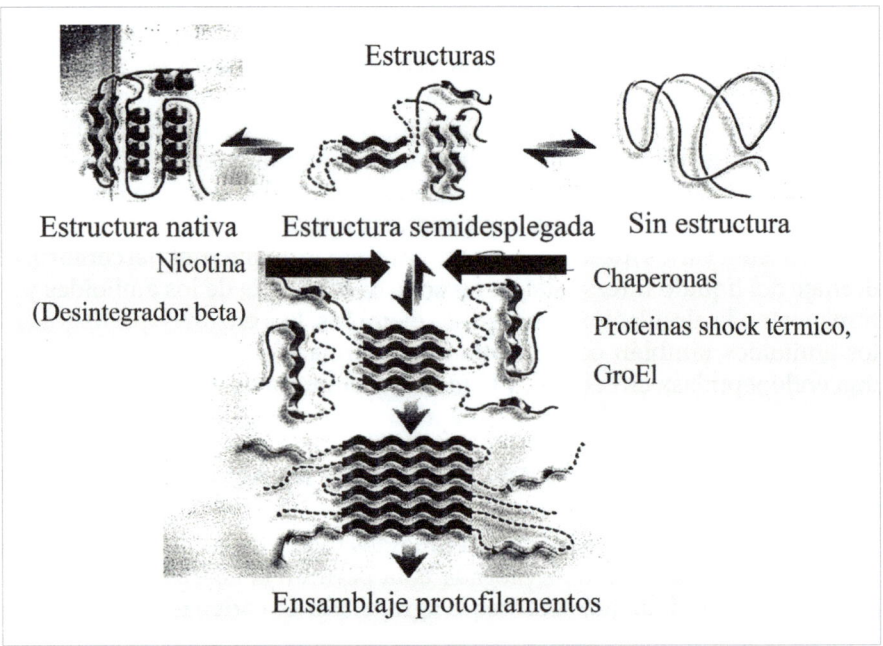

Estructuras

Estructura nativa   Estructura semidesplegada   Sin estructura

Nicotina

(Desintegrador beta)

Chaperonas

Proteinas shock térmico,

GroEl

Ensamblaje protofilamentos

FIGURA 5.
Formación de hojas beta y fibrillas.

Debe tenerse en cuenta que la existencia de una u otra estructura está determinada por la composición y secuencia de aminoácidos de la cadena. Las hojas plegadas beta solo se producen cuando los aminoácidos son de pequeño tamaño (por ejemplo, alanina), lo que permite su aproximación. Este tipo de secuencia puede encontrarse en muchas proteínas, además de en las proteínas fibrosas como las queratinas.

Las estructuras en hoja plegada beta también se pueden producir durante la degradación en los lisosomas. Así, se pueden producir cambios en los dominios alfa hélice a hojas beta debido a la desnaturalización que sufren las proteínas en el medio ácido de los lisosomas. La formación de hojas plegadas beta es automática, ya que constituye la forma termodinámicamente más estable. Esta se formará solo en aquellos dominios de la proteína en que la composición de aminoácidos lo permita. Así pues, la formación de beta amiloides dependerá de las secuencias de aminoácidos de cada proteína, pudiendo ser propensa, como en el caso de la APP.

En la figura 5 se muestra un esquema de la formación de hojas plegadas beta y fibras. En ella podemos ver que los estados de desnaturalización parcial, en donde la estructura es semidesplegada, pueden originar hojas plegadas beta como una de las posibles conformaciones. Estas conformaciones son reversibles. También podemos ver que una vez se agrupan algunas originando protofilamentos, el proceso de ensamblaje de protofilamentos prosigue, originando placas fibrosas de forma irreversible. El proceso está controlado por las chaperonas, que permiten a las proteínas

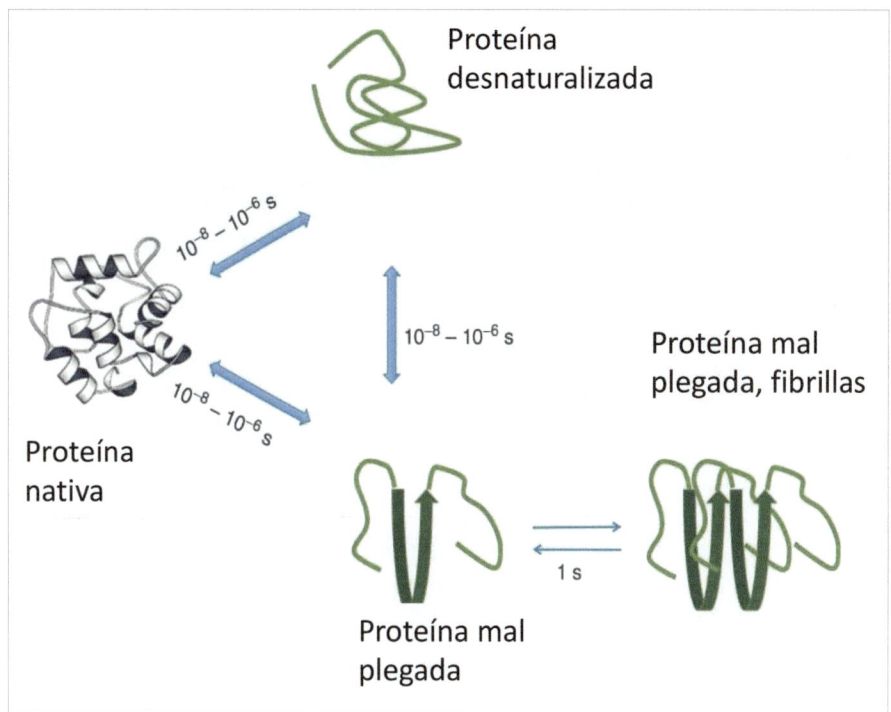

Proteína desnaturalizada

$10^{-8} - 10^{-6}$ s

$10^{-8} - 10^{-6}$ s

$10^{-8} - 10^{-6}$ s

Proteína mal plegada, fibrillas

Proteína nativa

1 s

Proteína mal plegada

FIGURA 6.

Dinámica del plegamiento de una proteína.

adoptar su forma nativa y evitar estos desajustes. Igualmente, el proceso puede inhibirse experimentalmente con nicotina (un desintegrador beta).

Como se muestra en la figura 6, los tiempos requeridos para las distintas transiciones entre estructuras son muy cortos. En la figura se muestran el estado desnaturalizado y el estado plegado correctamente y también los plegamientos incorrectos. Como puede observarse, el paso de la forma plegada correcta a las formas mal plegadas puede producirse directamente o pasando por un estado desnaturalizado.

Por lo general las formas mal plegadas se originan desde estados desnaturalizados en mayor o menor grado. La formación también puede ser directamente desde la forma nativa, aunque en estos casos, debe haber un desencadenante que modifique la estructura, como ocurre en las proteínas priónicas.

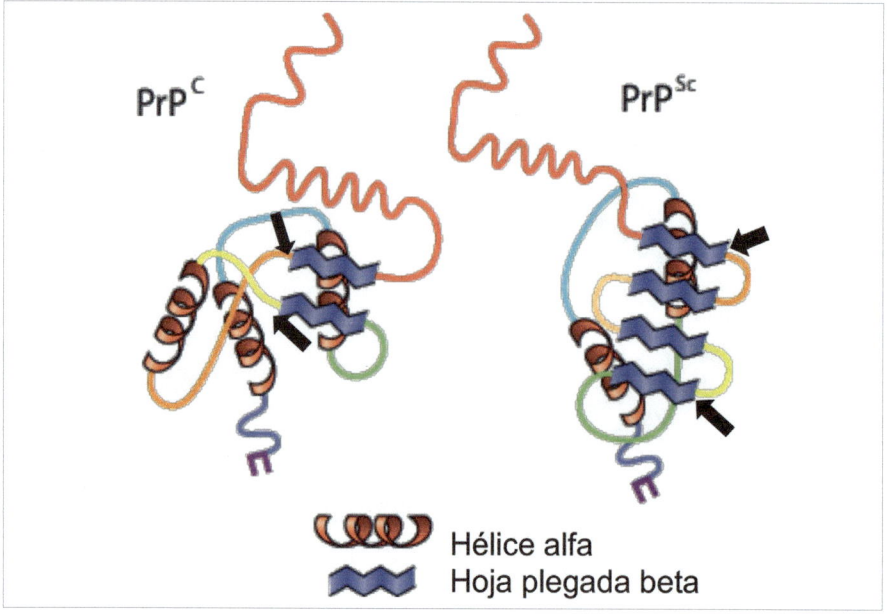

FIGURA 7.

Estructura de proteínas priónicas normal (PrPc) y patológica (PrPsc). Las flechas indican la región adaptable (ver texto).

Priones

Los priones (*protein infection particles*), un término acuñado por Prusiner (Premio Nobel en 1997) merecen un estudio particular. Como se indicó al principio, los priones presentan características especiales cuyo estudio resulta muy clarificador. Se trata de proteínas que pueden inducir un cambio conformacional alfa hélice-hoja plegada beta fácilmente. En la figura 7 se muestra su estructura.

Las dos proteínas de la figura 7 tienen la misma composición de aminoácidos, por lo que la proteína es la misma y de ahí que la infección de la proteína patológica no genere respuesta inmune. La diferencia está en que en la normal existen dos alfa hélices y en la patológica dos hojas plegadas beta. Como puede observarse, en el segmento entre las flechas existe una conformación laxa, que bien puede adoptar la forma beta. Y de hecho esto es lo que ocurre cuando las proteínas normales se ven atrapadas entre proteínas patológicas. Es por esto por lo que se habla de proteínas infecciosas.

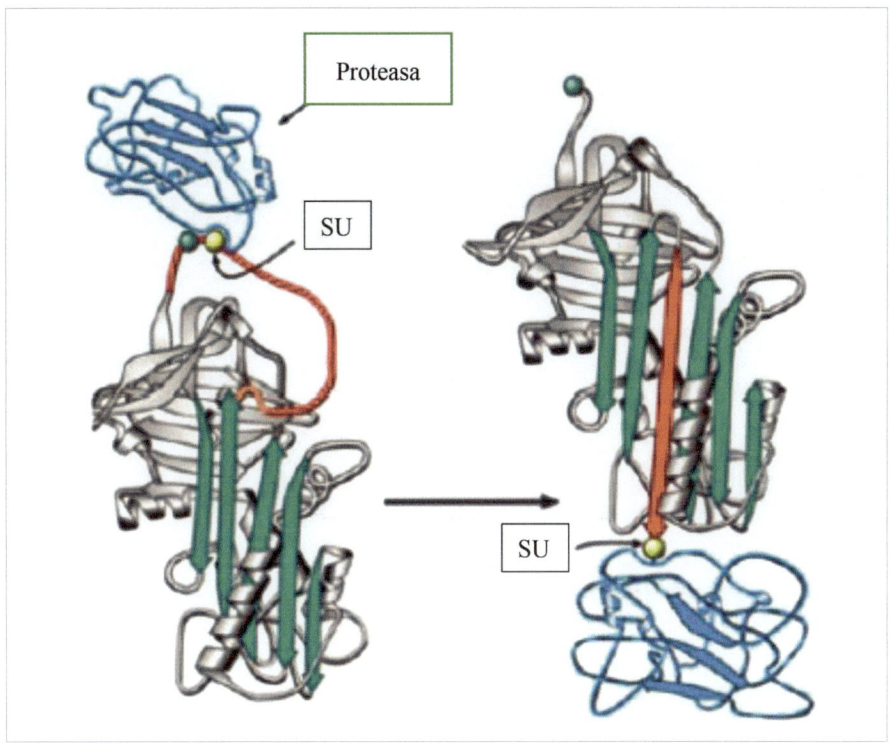

Figura 8.
Estructura de la alfa 1 anti tripsina y cambios al enlazar una proteasa. SU, sitio de unión al centro activo de la proteasa. En rojo cadena polipeptídica móvil.

Antitripsina

Como estamos viendo, la formación de fibras por acumulación de hojas plegadas beta es parte esencial de la patología, ya que no se degradan bien y acaban matando a la célula. En el caso del enfisema pulmonar, el proceso de formación de fibra es diferente. Sabemos que el enfisema se debe a la falta de la actividad de alfa1 antitripsina, una proteína de secreción que protege a los alvéolos pulmonares de la acción de elastasa y otras proteasas. El problema radica en que la proteína polimeriza y por tanto no llega a secretarse. La polimerización es causada por las estructuras de hojas plegadas beta de la proteína.

En la figura 8 se puede observar que la antitripsina dispone de un hueco en su estructura para alojar al polipéptido móvil (en rojo), que sirve de sustrato para las proteasas. Así, al enlazar la proteasa dicho polipéptido se encaja dentro de la estructura en hojas beta de la antitripsina. En los enfermos de enfisema pulmonar una mutación en el polipéptido impide que se mueva, dejando el hueco siempre libre. Ese espacio puede ser ocupado por los polipéptidos de otra molécula de antitripsina, lo que origina la polimerización.

49

	Amiloidosis localizadas				Amiloidosis sistémicas		
	Enfermedad de Alzheimer	Enfermedades Priones	DM tipo 2	Amiloidosis localizada AL	Amiloidosis sistémica AL	Amiloidosis AA	Amiloidosis ATTR
Origen	Sistema nervioso central	Sistema nervioso central	Páncreas	Células plasmáticas extramedulares	Células plasmáticas medulares	Hígado	• Hígado • Plexo coroides • Retina
Proteína formadora de amiloide	Aβ (Amiloide beta)	PrP (Proteína priónica)	IAPP (Islet amyloid polypeptide)	Cadenas ligeras de Inmunoglobuli nasg	Cadenas ligeras de Inmunoglobuli nas	SAA (amiloide A sérico)	TTR (transtiretina)
Sitio del depósito amiloide	Sistema nervioso central	Sistema nervioso central	Páncreas	• Tracto genital • Laringe • Piel • Pulmón • Tracto gastrointes-tinal	• Corazón • Riñón • Hígado • Tracto Gastrointes tinal • Nervios periféricos • Tejidos blandos	• Riñón • Hígado • Tracto gastrointesti nal • Bazo • Tiroides	• Corazón • Nervios periféricos • Túnel carpiano • Meninges • Ojo

TABLA 1.
Amiloidosis localizadas y sistémicas.

LAS AMILOIDOSIS

El acúmulo de proteínas como fibras o inclusiones tipo amiloide no es exclusivo del sistema nervioso, sino que afectan a todos los tejidos. A este tipo de trastornos se les denomina amiloidosis

Se conocen más de 30 proteínas amiloidogénicas humanas, 14 de ellas con capacidad de afectación sistémica, que de forma natural o debido a mutaciones en su estructura poseen la capacidad de cambiar su conformación, anormal plegamiento en hojas plegadas beta, agregarse y formar fibrillas insolubles en soluciones acuosas, resistentes a la proteólisis, que infiltran extracelularmente los tejidos, y son capaces de alterar gravemente la estructura y función de los órganos afectados. Los tejidos más afectados son el corazón y el riñón. En la tabla 1 se muestran los principales tipos.

Los fragmentos de inmunoglobulinas, sobre todo las cadenas ligeras, son con diferencia la proteína precursora fibrilar más frecuentemente asociada a las amiloidosis sistémicas (denominadas amiloidosis AL), seguida a distancia de la amiloidosis por amiloide sérico A (amiloidosis AA) secundaria a procesos inflamatorios o infecciosos crónicos. En la tabla también se destaca la amiloidosis de las formas mutadas de la proteína transtirretina (también conocida como prealbúmina), una proteína de transporte de origen hepático. Otras proteínas amiloidogénicas son las cadenas alfa del fibrinógeno (amiloidosis Fib), el leucocyte chemotactic factor 2 (amiloidosis ALECT2), la gelsolina (amiloidosis AGel), la β2-microglobulin (amiloidosis Aβ2M), la lisozima (amiloidosis Alys) y las apolipoproteínas A1, AII, AIV, CII, CIII.

PROTEÍNAS MAL PLEGADAS, ENVEJECIMIENTO Y ENFERMEDAD

Entre las formas localizadas de amiloidosis están las enfermedades neurodegenerativas y la diabetes. La diabetes también puede incluirse en las amiloidosis, ya que, entre otros mecanismos, se produce por el mal plegamiento de una proteína conocida como IAAP (Islet Amyloid Polypeptide). La IAAP en las condiciones de diabetes (hiperglucemia mantenida y alteraciones lipídicas) puede desnaturalizarse y plegarse de forma incorrecta. Las formas semidesplegadas pueden agruparse en oligómeros de hojas beta cruzadas dando origen a protofibrillas similares a las descritas en otras amiloidosis. Las protofibrillas se estabilizan por interacción con moléculas como Perlecan o la proteína amiloide sérica. Perlecan es una proteína con glucosaminoglicanos, especialmente heparán sulfato y condroitina sulfato. Se considera una proteína multiadhesiva. Por su parte, la proteína amiloide sérica es una proteína que se pega a cualquier amiloide y le confiere resistencia a la degradación.

LA LUCHA CONTRA EL MAL PLEGAMIENTO DE LAS PROTEÍNAS

Mantener las proteínas en su estado nativo es una tarea básica, pero colosal para una célula. Básica, porque la conformación nativa es esencial para su función; colosal por los muchos enemigos a los que se enfrenta. Piense el lector que las proteínas están en un medio con miles de otras moléculas que pueden afectarles, entre ellas las pequeñas moléculas (por ejemplo, metabolitos, xenobióticos) y los iones que pueden originar grandes cambios en la fuerza iónica o el pH, dos factores clave en la estabilidad proteica. También hay que tener en cuenta que muchas proteínas se hacen en un lugar y luego deben trabajar en otro. Así ocurre con la mayoría de las proteínas de la mitocondria y del núcleo. Para ello no solo deben viajar, sino que deben atravesar las membranas de estos orgánulos. En muchos casos la nueva ubicación supone cambios importantes en el pH que desnaturalizan a la proteína. Además, están las situaciones de estrés (oxidativo y metabólico).

El estrés oxidativo es uno de los muchos factores más importantes que pueden afectar a la estructura de las proteínas. El consumo de oxígeno tiene sus riesgos, ya que puede producir especies reactivas que afectan a todas las macromoléculas y las inestabilizan. La oxidación origina cambios en la estructura, como la fragmentación, que inestabilizan la estructura y desnaturalizan la proteína y, como en esta, se puede producir la formación de amiloide. La situación puede relacionarse con el proceso de envejecimiento en la medida en que la oxidación avanza con la edad según se pierde poder reductor. En la figura 9 se muestra un esquema de la formación de fibrillas relacionada con el estrés oxidativo.

Otra fuente de proteínas mal plegadas procede de la propia síntesis. Algunos polipéptidos no se pliegan correctamente. Ello puede ser debido a un cambio en la secuencia de aminoácidos que altera la estructura (por ejemplo, la incorporación de prolina). No es infrecuente que, a la salida del

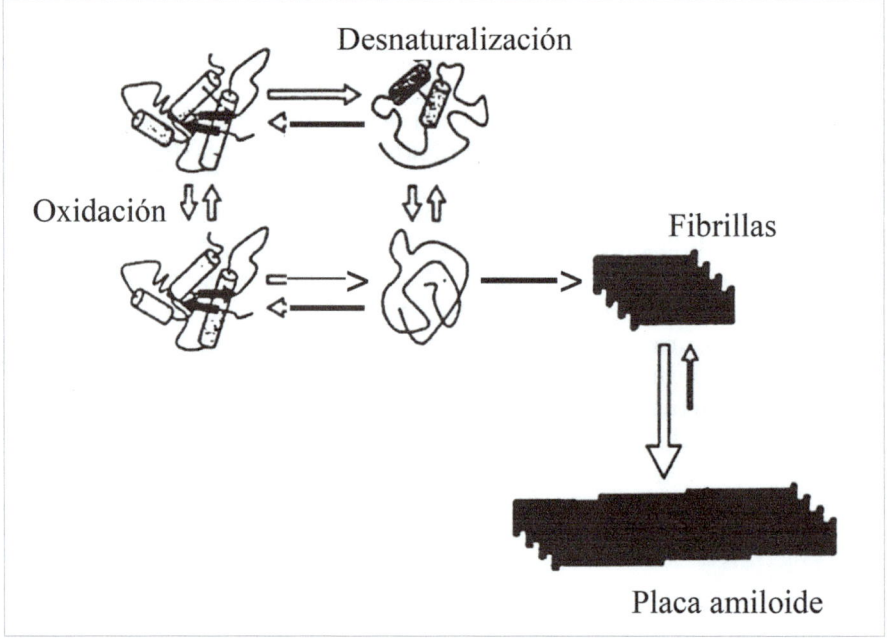

FIGURA 9.
Cambios conformacionales conducentes a la formación de placa amiloide.

ribosoma, en donde el plegamiento no es del todo completo, interaccionan con otras moléculas, incluidas proteínas, y se altera el proceso. En otros casos el problema se genera en las modificaciones postranscripcionales, que impiden que no maduren las proteínas. También hay que considerar las situaciones de síntesis excesiva, especialmente cuando se trata de proteínas oligoméricas, en donde la falta de alguna de las subunidades hace que se acumulen las otras, que al quedar huérfanas acaban agregándose. Finalmente, mencionar que, en condiciones de déficit nutricional, muchas enzimas degradativas, a falta de sustratos, generan agregados, lo que sugiere que la interacción de las proteínas con sus ligando específicos les confiere estabilidad.

Chaperonas

No obstante, la célula tiene elementos para evitar que se afecten las proteínas. Estos son las chaperonas (Figura 10). Las chaperonas son proteínas que favorecen el plegamiento correcto de las proteínas cuando se están formando y, en el caso de que se inestabilicen, para que vuelvan a la conformación correcta. El número de proteínas que se incluye dentro de la familia de las chaperonas es enorme. La mayoría se conoce como proteínas de *shock* térmico (HSP). De especial interés es la subfamilia de las chaperoninas, que es quizás la más estudiada hasta la fecha. Las chaperoninas son grandes agregados macromoleculares. Todas las

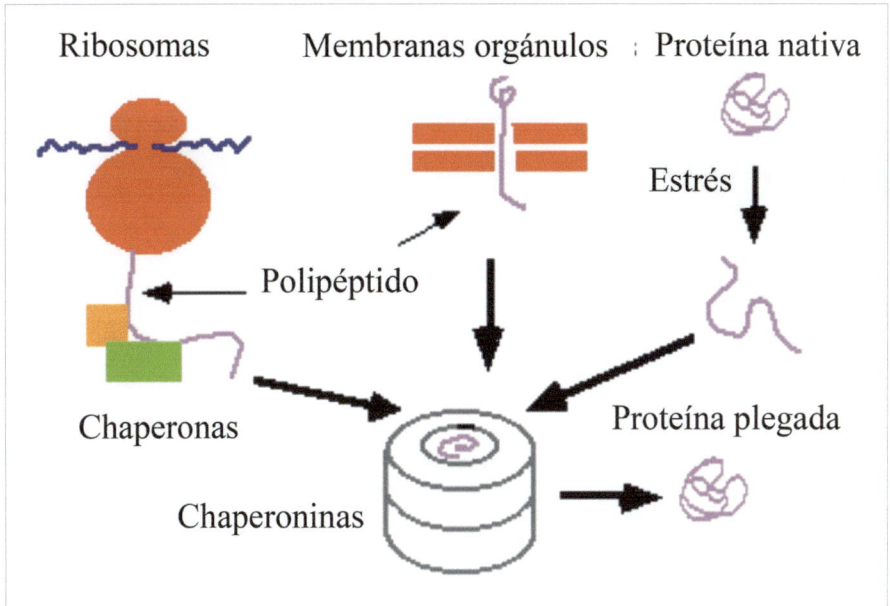

chaperoninas conocidas hasta la fecha son oligoméricas y comparten una estructura similar: un cilindro compuesto por uno o dos anillos. Cada anillo encierra una cavidad, que es el lugar donde se produce el plegamiento de las proteínas.

Como se ilustra en la figura, las chaperonas se unen a las proteínas impidiendo que se desnaturalicen por completo y las dirigen a las chaperoninas para recuperar la estructura. La unión es automática, ya que las proteínas al desnaturalizarse dejan a la vista sus residuos hidrofóbicos. que se unen, como si de un imán se tratase, a los residuos hidrofóbicos de las chaperonas y chaperoninas. A continuación, la unión de ATP conlleva un cambio conformacional en la chaperonina que introduce la proteína en la cavidad. El plegamiento es espontáneo. En realidad, lo que hace la chaperonina es aislar a la proteína de interacciones con otras moléculas, de modo que se pliegue exclusivamente según lo establecido en su secuencia de aminoácidos.

Proteasomas y lisosomas

Cuando la alteración de la proteína no puede resolverse, la célula la elimina. Hay dos mecanismos: la destrucción en el proteasoma para las proteínas pequeñas y la autofagia, mediada por los lisosomas para las proteínas grandes (Figura 11). También los agregados de proteínas pueden ser destruidos por los lisosomas, salvo los amiloides. En el caso de tratarse de agregados extracelulares, por los lisosomas de los macrófagos.

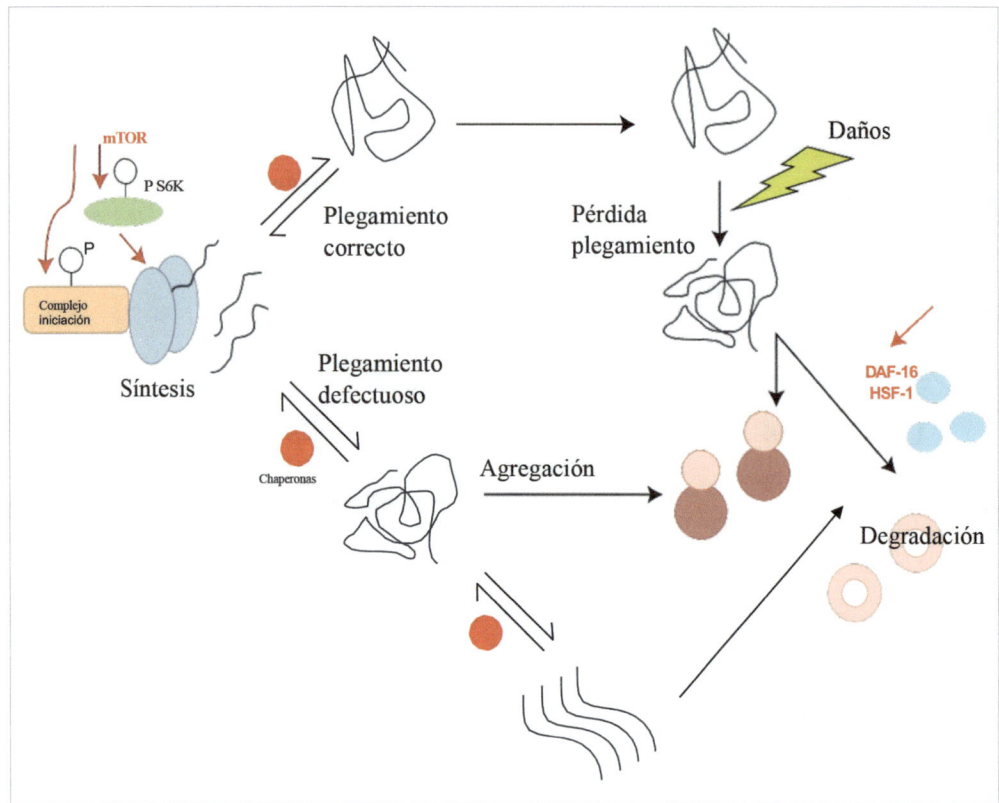

Figura 11.
Esquema de la agregación y la degradación de proteínas mal plegadas. mTOR (mammalian Target Of Rapamycin), PS6K mitogen activated Ser/Thr kinase; DAF, insulin/insulin-like growth factor (IGF)-1 receptor homolog; HSF, factor de transcripción de choque térmico.

Las marcas que identifican a una proteína para su degradación son la exposición de los residuos hidrofóbicos (que de estar bien plagada estarían en el interior de la molécula), la existencia de residuos de cisteína libres (que normalmente deben estar formando enlaces S-S, o puentes disulfuro) y la falta de glúcidos (necesarios para la estabilización, ya que por sus estructuras aíslan a la proteína y les confieren una mayor solubilidad en el medio acuoso). La proteína ubiquitina sirve como marca adicional para el reconocimiento de la proteína a degradar por el proteasoma.

Proteostasis

El término proteostasis, u homeostasis proteica, se refiere al conjunto de procesos que garantizan que la concentración, el plegamiento y las interacciones de las proteínas sean adecuados desde su síntesis hasta su degradación. Los procesos clave son la síntesis (no se trata en este capítulo), la degradación y el plegamiento. El plegamiento, a su vez, es determinante

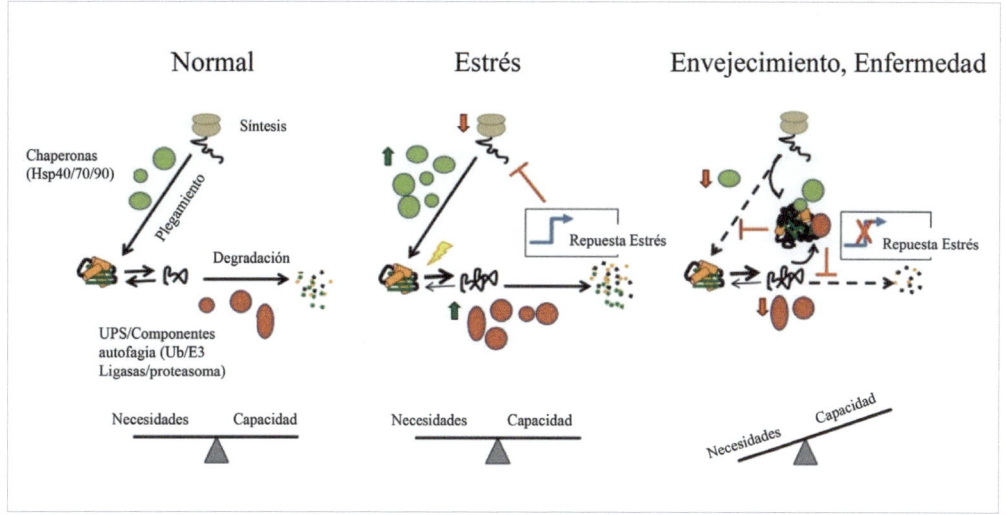

FIGURA 12.

Esquema del equilibrio entre las necesidades de plegamiento y la capacidad en diversas situaciones. Hsp, heat shock proteins; Ups, ubiquitin proteasome system; Ub/ E3, ubiquitin ligases.

en la degradación. Las proteínas mal plegadas deben destruirse. Sin embargo, hay casos en que no se puede, dando lugar a agregados, fibras y placas.

La agregación, así como formación de fibras y placas amiloides, está condicionada por el equilibrio entre los efectos inestabilizadores de la estructura proteica y la disponibilidad de chaperonas que la estabilizan (ver figura 12). En condiciones normales, ambos están en equilibrio y se mantiene la homeostasis. En situaciones de estrés, en las que se inestabilizan las proteínas, se produce la respuesta al estrés, caracterizada por el aumento de chaperonas (en la figura representadas por las HsP40/70/90) para proteger aquellas proteínas que se hayan alterado parcialmente y de proteínas implicadas en la degradación (representadas por la Ups Ub/E3 ligasas) para degradar las que se hayan alterado completamente, de modo que el la mayor inestabilidad se compensa con el aumento en la capacidad estabilizadora y degradativa y, así, el equilibrio se mantiene. Con la edad, la síntesis de chaperonas y proteínas degradativas disminuye, lo que facilita que el sistema se desequilibre hacia la formación de placas amiloides. No debe sorprender por tanto que este tipo de trastornos se vincule al envejecimiento.

Las células que envejecen acumulan proteínas dañadas y mal plegadas debido a un declive funcional de su maquinaria de homeostasis proteica (proteostasis), lo que conduce a una menor viabilidad celular y al desarrollo de enfermedades por mal plegamiento de proteínas. Para mantener un proteoma joven durante más tiempo y prevenir la aparición de enfermedades asociadas a la edad se han postulado tratamientos con factor de crecimiento insulínico (IGF-1), restricción dietética y reducción

55

de la función mitocondrial. Aumentar la capacidad de proteostasis no es una panacea para la vejez; de hecho, aumenta la susceptibilidad al cáncer. En conclusión: mantener las proteínas bien plegadas es clave para la salud. Ahora entendemos mejor lo que escribió Orgel a mediados del siglo pasado y con lo que empezamos este artículo.

Agradecimientos

A los alumnos del máster de proteómica que con sus observaciones y preguntas han orientado la elaboración de este artículo. A la Universidad de Jaén por su apoyo y consideración.

BIBLIOGRAFÍA

Adamcik, J. y Mezzenga, R. (2018). Amyloid polymorphism in the protein folding and aggregation energy landscape. *Angewandte Chemie International Edition, 57*(27), 8370–8382.

Aguzzi, A. y O'Connor, T. (2010). Protein aggregation diseases: Pathogenicity and therapeutic perspectives. *Nature Reviews Drug Discovery, 9*(3), 237–248.

Ajmal, M. R. (2023). Protein misfolding and aggregation in proteinopathies: Causes, mechanism and cellular response. *Diseases, 11*(1), 30.

Alam, P., Siddiqi, K., Chaturvedi, S. K. y Khan, R. H. (2017). Protein aggregation: From background to inhibition strategies. *International Journal of Biological Macromolecules, 103*, 208–219.

Alberti, S. y Hyman, A. A. (2021). Biomolecular condensates at the nexus of cellular stress, protein aggregation disease and ageing. *Nature Reviews Molecular Cell Biology, 22*(3), 196–213.

Amm, I., Sommer, T. y Wolf, D. H. (2014). Protein quality control and elimination of protein waste: The role of the ubiquitin–proteasome system. *Biochimica et Biophysica Acta (BBA) - Molecular Cell Research, 1843*(1), 182–196.

Arghavani, P., Pirhaghi, M., Moosavi-Movahedi, F., Mamashli, F., Hosseini, E. y Moosavi-Movahedi, A. A. (2022). Amyloid management by chaperones: The mystery underlying protein oligomers' dual functions. *Current Research in Structural Biology, 7*, 356–364.

Ashrafian, H., Zadeh, E. H. y Khan, R. H. (2021). Review on Alzheimer's disease: Inhibition of amyloid beta and tau tangle formation. *International Journal of Biological Macromolecules, 167*, 382–394.

Baker, B. M. y Haynes, C. M. (2011). Mitochondrial protein quality control during biogenesis and aging. *Trends in Biochemical Sciences, 36*(5), 254–261.

Bersuker, K., Brandeis, M. y Kopito, R. R. (2016). Protein misfolding specifies recruitment to cytoplasmic inclusion bodies. *Journal of Cell Biology, 213*(2), 229–241.

Bezsonov, E. E., Groenning, M., Galzitskaya, O. V., Gorkovskii, A. A., Semisotnov, G. V., Selyakh, I. O., Ziganshin, R. H., Rekstina, V. V., Kudryashova, I. B., Kuznetsov, S. A. *et al.* (2013). Amyloidogenic peptides of yeast cell wall glucantransferase Bgl2p as a model for the investigation of its pH-dependent fibril formation. *Prion, 7*(3), 175–184.

Bigi, A., Cascella, R., Chiti, F. y Cecchi, C. (2022). Amyloid fibrils act as a reservoir of soluble oligomers, the main culprits in protein deposition diseases. *BioEssays, 44*(1), 2200086.

Blancas-Mejía, L. M. y Ramírez-Alvarado, M. (2013). Systemic amyloidoses. *Annual Review of Biochemistry, 82*, 745–774.

Breydo, L. y Uversky, V. N. (2015). Structural, morphological, and functional diversity of amyloid oligomers. *FEBS Letters, 589*(19), 2640–2648.

Bucciantini, M., Giannoni, E., Chiti, F., Baroni, F., Formigli, L., Zurdo, J., Taddei, N., Ramponi, G., Dobson, C. M. y Stefani, M. (2002). Inherent toxicity of aggregates implies a common mechanism for protein misfolding diseases. *Nature, 416*(6880), 507–511.

57

Calabrese, G., Molzahn, C. y Mayor, T. (2022). Protein interaction networks in neurodegenerative diseases: From physiological function to aggregation. *Journal of Biological Chemistry, 298*(7), 102062.

Chaturvedi, S. K., Siddiqi, M. K., Alam, P. y Khan, R. H. (2016). Protein misfolding and aggregation: Mechanism, factors and detection. *Process Biochemistry, 51*(9), 1183–1192.

Chen, B., Retzlaff, M., Roos, T. y Frydman, J. (2011). Cellular strategies of protein quality control. *Cold Spring Harbor Perspectives in Biology, 3*(8), a004374.

Chernoff, Y. O. (2007). Stress and prions: Lessons from the yeast model. *FEBS Letters, 581*(19), 3695–3701.

Chi, E. Y., Krishnan, S., Randolph, T. W. y Carpenter, J. F. (2003). Physical stability of proteins in aqueous solution: Mechanism and driving forces in nonnative protein aggregation. *Pharmaceutical Research, 20*(9), 1325–1336.

Chiesa, R. y Harris, D. A. (2001). Prion diseases: What is the neurotoxic molecule? *Neurobiology of Disease, 8*(5), 743–763.

Christianson, J. C. y Carvalho, P. (2022). Order through destruction: How ER-associated protein degradation contributes to organelle homeostasis. *The EMBO Journal, 41*(6), e109845.

Ciechanover, A. (2006). The ubiquitin proteolytic system: From a vague idea, through basic mechanisms, and onto human diseases and drug targeting. *Neurology, 66*(S1), S7–S19.

Ciechanover, A. y Kwon, Y. T. (2015). Degradation of misfolded proteins in neurodegenerative diseases: Therapeutic targets and strategies. *Experimental & Molecular Medicine, 47*(3), e147.

Cohen, F.E. y Kelly, J.W. (2003). Therapeutic approaches to protein-misfolding diseases. *Nature 426*, 905–909.

Cortez, L. y Sim, V. (2014). The therapeutic potential of chemical chaperones in protein folding diseases. *Prion 8*, 197–202.

Culver, J.A., Li, X., Jordan, M. y Mariappan, M. (2022). A second chance for protein targeting/folding: Ubiquitination and deubiquitination of nascent proteins. *BioEssays 44*, 2200014.

Dasuri, K., Zhang, L. y Keller, J.N. (2013). Oxidative stress, neurodegeneration, and the balance of protein degradation and protein synthesis. *Free Radic. Biol. Med. 62*, 170–185.

Demeule, B.L., Gurny, R. y Arvinte, T. (2006). Where disease pathogenesis meets protein formulation: Renal deposition of immunoglobulin aggregates. *Eur. J. Pharm. Biopharm. 62*, 121–130.

Dobson, C.M. (2003). Protein folding and misfolding. *Nature 426*, 884–890.

Dubnikov, T., Ben-Gedalya, T. y Cohen, E. (2017). Protein quality control in health and disease. *Cold Spring Harb. Perspect. Biol. 9*, a023523.

Estaun-Panzano, J., Arotcarena, M.L. y Bezard, M. (2023). Monitoring α-synuclein aggregation. *Neurobiol. Dis. 176*:105966.

Fandrich, M., Meinhardt, J. y Grigorieff, N. (2009). Structural polymorphism of Alzheimer and other amyloid fibrils. *Prion 3*, 89–93.

Fefilova, A.S., Fonin, A.V., Vishnyakov, I.E., Kuznetsova, I.M. y Turoverov, K.K. (2022). Stress-induced membraneless organelles in eukaryotes and prokaryotes: Bird's-eye view. *Int. J. Mol. Sci. 23*, 5010.

Finkelstein, A.V. (2018). 50+ years of protein folding. *Biochemistry 83*, S3–S18.

Gandhi, J., Antonelli, A.C., Afridi, A., Vatsia, S., Joshi, G., Romanov, V., Murray, I.V.J. y Khan, S.A. (2019). Protein misfolding and aggregation in neurodegeneratives diseases: A review of pathogeneses, novel detection strategies, and potential therapeutics. *Rev. Neurosci. 30*, 339–358.

Glabe, C.G. y Kayed, R. (2006). Common structure and toxic function of amyloid oligomers implies a common mechanism of pathogenesis. *Neurology 66*, S74–S78.

Gregersen, N. y Bross, P. (2010). Protein misfolding and cellular stress: An overview. Protein Misfolding Cell. Stress Dis. *Aging* 3–23.

Hebert, D.N. y Molinari, M. (2007). In and out of the ER: Protein folding, quality control, degradation, and related human diseases. *Physiol. Rev. 87*, 1377–1408.

Hipp, M.S., Kasturi, P. y Hartl, F.U. (2019). The proteostasis network and its decline in ageing. *Nat. Rev. Mol. Cell Biol. 20*, 421–435.

Hu, C., Yang, J., Qi, Z., Wu, H., Wang, B., Zou, F., Mei, H., Liu, J., Wang, W. y Liu, Q. (2020). Heat shock proteins: Biological functions, pathological roles, and therapeutic opportunities. *Med Comm 2, 3*(3):e161.

Iadanza, M.G., Jackson, M.P., Hewitt, E.W., Ranson, N.A. y Radford, S.E. (2018). A new era for understanding amyloid structures and disease. *Nat. Rev. Mol. Cell Biol. 19*, 755–773.

Jellinger, K.A. (2010). Basic mechanisms of neurodegeneration: A critical update. *J. Cell. Mol. Med. 14*, 457–487.

Jiménez-Sánchez, M., Thomson, F., Zavodszky, E. y Rubinsztein, D.C. (2012). Autophagy and polyglutamine diseases. *Prog. Neurobiol. 97*, 67–82.

Jucker, M. y Walker, L.C. (2013). Self-propagation of pathogenic protein aggregates in neurodegenerative diseases. *Nature 501*, 45–51.

Kramer, L., Groh, C. y Herrmann, J.M. (2021). The proteasome: Friend and foe of mitochondrial biogenesis. *FEBS Lett. 595*, 1223–1238.

Lopera, F., Marino, C., Chandrahas, A.S., O'Hare, M., Villalba-Moreno, N.D., Aguillon, D., Baena, A., Sanchez, J.S., Vila-Castelar, C., Ramírez Gómez, L., Chmielewska, N., Oliveira, G.M., Littau, J.L., Hartmann, K., Park, K., Krasemann, S., Glatzel, M., Schoemaker, D., González-Buendía, L., Delgado-Tirado, S., Arevalo-Alquichire, S., Saez-Torres, K.L., Amarnani, D., Kim, L.A.. y Quiroz, Y.T. (2023). Resilience to autosomal dominant Alzheimer's disease in a Reelin-COLBOS heterozygous man. *Nat. Med.* https://doi.org/10.1038/s41591-023-02318-3

Manganelli, F., Fabrizi, G.M., Luigetti, M., Mandich, P., Mazzeo, A. y Pareyson, D. (2022). Hereditary transthyretin amyloidosis overview. *Neurol. Sci. 43*(Suppl 2), 595–604.

Markossian, K.A. y Kurganov, B.I. (2004). Protein folding, misfolding, and aggregation. Formation of inclusion bodies and aggresomes. *Biochemistry 69*, 971–984.

Maury, C.P.J. (2009). The emerging concept of functional amyloid. *J. Intern. Med. 265*, 329–334.

Mirny, L. y Shakhnovich, E. (2001). Protein folding theory: From lattice to all-atom models. *Annu. Rev. Biophys. Biomol. Struct. 30*, 361–396.

Mogk, A. y Bukau, B. (2017). Role of sHsps in organizing cytosolic protein aggregation and disaggregation. *Cell Stress Chaperones 22*, 493–502.

O'Connor, T. y Aguzzi, A. (2013). Prions and lymphoid organs: Solved and remaining mysteries. *Prion 7*, 157–163.

Ochneva, A., Zorkina, Y., Abramova, O., Pavlova, O., Ushakova, V., Morozova, A., Zubkov, E., Pavlov, K., Gurina, O. y Chekhonin, V. (2022). Protein misfolding and aggregation in the brain: Common pathogenetic pathways in neurodegenerative and mental disorders. *Int. J. Mol. Sci. 23*(22), 14498.

Orgel, L.E. (1963). The maintenance of the accuracy of protein synthesis and its relevance to aging. *Proc. Natl. Acad. Sci. USA 49*, 517–521.

Peydayesh, M., Vogt, J., Chen, X., Zhou, J., Donat, F., Bagnani, M., Müller, C.R. y Mezzenga, R. (2022). Amyloid-based carbon aerogels for water purification. *Chem. Eng. J. 449*, 137703.

Rao, R.V., Bredesen, D.E. (2004). Misfolded proteins, endoplasmic reticulum stress, and neurodegeneration. *Curr. Opin. Cell Biol. 16*, 653–662.

Relini, A., Marano, N. y Gliozzi, A. (2013).: Misfolding of amyloidogenic proteins and their interactions with membranes. *Biomolecules 4*, 20–55.

Rijal Upadhaya, A., Kosterin, I., Kumar, S., von Arnim, C. A., Yamaguchi, H., Fändrich, M., Walter, J. y Thal, D.R. (2014). Biochemical stages of amyloid-β peptide aggregation and accumulation in the human brain and their association with symptomatic and pathologically preclinical Alzheimer's disease. *Brain 137*, 887–903.

Saarikangas, J. y Barral, Y. (2016). Protein aggregation as a mechanism of adaptive cellular responses. *Curr. Genet. 62*, 711–724.

Shakya, A.K., Sami, H., Srivastava, A. y Kumar, A. (2010). Stability of responsive polymer–protein bioconjugates. *Prog. Polym. Sci. 35*, 459–486.

Song, J., Herrmann, J.M. y Becker, T. (2021). Quality control of the mitochondrial proteome. *Nat. Rev. Mol. Cell Biol. 22*, 54–70.

Soto, C. y Pritzkow, S. (2018). Protein misfolding, aggregation, and conformational strains in neurodegenerative diseases. *Nat. Neurosci. 21*, 1332–1340.

Stefani, M. (2010). Biochemical and biophysical features of both oligomer/fibril and cell membrane in amyloid cytotoxicity. *FEBS J. 277*, 4602–4613.

Stefani, M. y Dobson, C.M. (2003). Protein aggregation and aggregate toxicity: New insights into protein folding, misfolding diseases and biological evolution. *J. Mol. Med. 81*, 678–699.

Sunde, M. y Blake, C. (1997). The structure of amyloid fibrils by electron microscopy and X-ray diffraction. *Adv. Protein Chem. 50*, 123–159.

Tedesco, B., Ferrari, V., Cozzi, M., Chierichetti, M., Casarotto, E., Pramaggiore, P., Mina, F., Galbiati, M., Rusmini, P., Crippa, V., Cristofani, R., Poletti, A. (2022): The role of small heat shock proteins in protein misfolding-associated motoneuron diseases. *Int. J. Mol. Sci. 23*(19), 11759.

Torrente, M.P. y Shorter, J. (2013). The metazoan protein disaggregase and amyloid depolymerase system: Hsp110, Hsp70, Hsp40, and small heat shock proteins. *Prion 7*, 457–463.

Valastyan, J.S. y Lindquist, S. (2014). Mechanisms of protein-folding diseases at a glance. *Dis. Model. Mech. 7*, 9–14.

Walker, L.C., LeVine, H., Mattson, M.P. y Jucker, M. (2006). Inducible proteopathies. *Trends Neurosci. 29*, 438–443.

Wickner, R.B., Bezsonov, E.E., Son, M., Ducatez, M., DeWilde, M. y Edskes, H.K. (2018). Anti-prion systems in yeast and inositol polyphosphates. *Biochemistry 57*, 1285–1292.

Wickner, R.B., Edskes, H.K., Gorkovskiy, A., Bezsonov, E.E. y Stroobant, E.E. (2016). Yeast and fungal prions: Amyloid-handling systems, amyloid structure, and prion biology. *Adv. Genet. 93*, 191–236.

Wickner, R.B., Edskes, H.K., Son, M., Bezsonov, E.E., DeWilde, M. y Ducatez, M. (2018). Yeast prions compared to functional prions and amyloids. *J. Mol. Biol. 430*, 3707–3719.

Wickner, R.B., Kelly, A.C., Bezsonov, E.E. y Edskes, H.K. (2017). [PSI+] prion propagation is controlled by inositol polyphosphates. *Proc. Natl. Acad. Sci. USA 114*, E8402–E8410.

Wickner, R.B., Shewmaker, F.P., Bateman, D.A., Edskes, H.K., Gorkovskiy, A., Dayani, Y. y Bezsonov, E.E. (2015). Yeast prions: Structure, biology, and prion-handling systems. *Microbiol. Mol. Biol. Rev. 79*, 1–17.

Zakariya, S.M., Zehra, A. y Khan, R.H. (2022). Biophysical insight into protein folding, aggregate formation and its inhibition strategies. *Protein Pept. Lett. 29*, 22–36.

Zaman, M., Khan, A.N., Zakariya, S.M. y Khan, R.H. (2019). Protein misfolding, aggregation and mechanism of amyloid cytotoxicity: An overview and therapeutic strategies to inhibit aggregation. *Int. J. Biol. Macromol. 134*, 1022–1037.

Zhang, G., Leibowitz, M.J., Sinko, P.J. y Stein, S. (2003). Multiple-peptide conjugates for binding β-amyloid plaques of Alzheimer's disease. *Bioconjugate Chem. 14*, 86–92.

Zhu, S., Bäckström, D., Forsgren, L. y Trupp, M. (2022). Alterations in self-aggregating neuropeptides in cerebrospinal fluid of patients with Parkinsonian disorders. *J. Park. Dis. 12*, 1169–1189.

Preguntas de autoevaluación

Verdadero o falso

1. La proteína Tau es una chaperonina (F)
2. El proteasoma es la maquinaria síntesis proteíca (F)
3. La proteostasis es la homeostasis de las proteínas (V)
4. El amiloide beta es una glucoproteína (F)
5. La estructura en hoja beta es propensa a formar agregados (V)
6. La edad no afecta a la estabilidad de las proteínas (F)
7. Los priones son virus que infectan a las proteínas. (F)
8. Las chaperoninas son chaperonas de bajo peso molecular (F)
9. El acido docosahexaenoico es un toxico celular (F)
10. El kuru es una leyenda que no se da en la realidad (F)

Respuestas correctas

1F, 2F, 3V, 4F, 5V, 6F, 7F, 8F, 9F, 10F.

RESUMEN

Los lactobacilos pertenecen al grupo de bacterias ácido lácticas ampliamente distribuidos en los diferentes ecosistemas (medio ambiente, mucosas de animales y humanos, material vegetal), siendo también asociados a alimentos fermentados y piensos. Además de su papel como cultivos iniciadores en las diferentes fermentaciones, también se conocen por su faceta probiótica debido a los efectos beneficiosos que ejercen sobre la salud. Los lactobacilos con potencial probiótico han sido objeto de numerosas investigaciones y para ello el cribado preliminar *in vitro* de las cepas de interés es uno de los primeros pasos para seguir profundizando en sus funciones. Dentro de las ciencias ómicas, una de las metodologías estrella que permite descifrar el potencial probiótico de los lactobacilos y sus mecanismos de probiosis es "la proteómica". Esta técnica basada en el análisis de las proteínas totales o procedentes de alguna fracción celular ha permitido arrojar luz sobre las moléculas implicadas en la adaptación de los lactobacilos a los procesos tecnológicos y a las condiciones del tracto gastrointestinal (acidez, bilis, etc.). La determinación de los biomarcadores de probiosis permite, de una parte, el cribado molecular de las cepas con potencial probiótico y, de otra parte, determinar las herramientas para la mejora de su adaptación/funcionalidad.

PALABRAS CLAVE: *lactobacilos, probióticos, proteómica, biomarcadores.*

ABSTRACT

Lactobacilli belong to the lactic acid bacteria group widely distributed in different ecosystems (environment, animal and human mucosa, plant material), being also associated with fermented foods and animal feed. In addition to their role as starter cultures in different fermentations, they are also known for their probiotic side due to the beneficial effects they have on health. Lactobacilli with probiotic potential have been the subject of numerous investigations and for this reason the preliminary *in vitro* screening of the strains of interest is one of the first steps to continue deepening their functions. Within the omic sciences, one of the star methodologies that allows us to decipher the probiotic potential of lactobacilli and their probiosis mechanisms is "proteomics". This technique, based on the analysis of total proteins or those derived from some cell fraction, has shed light on the molecules involved in the adaptation of lactobacilli to technological processes and conditions of the gastrointestinal tract (acidity, bile, etc.). The determination of probiosis biomarkers allows, on the one hand, the molecular screening of strains with probiotic potential and, on the other hand, to determine the tools for improving their adaptation/functionality.

KEYWORDS: *lactobacilli, probiotics, proteomics, biomarkers.*

ABREVIATURAS

2DE:	Electroforesis bidimensional.
a$_w$:	Actividad de agua.
BAL:	Bacterias del Ácido Láctico.
DEPs:	Differentially Expressed Proteins-Proteínas Diferencialmente Expresadas.
DOP:	Denominación de Origen Protegida.
EFSA:	European Food Safety Authority-Autoridad Europea de Seguridad Alimentaria.
FAO:	Food and Agricultural Organization of the United Nations-Organización de las Naciones Unidas para la Agricultura y la Alimentación.
FDA:	Food and Drug Administration-Administración de Alimentos y Medicamentos. GRAS: Generally Recognized As Safe-generalmente reconocidas como seguras.

iTRAQ: Isobaric Tag for Relative and Absolute Quantitation-Etiqueta isobárica para cuantificación relativa y absoluta.

LC–MS: Liquid Chromatography–Mass Spectrometry-Cromatografía Líquida-Espectrometría de Masas.

MRS: De Man, Rogosa and Sharpe.

MS: Mass Spectrometry-Espectrometría de Masas.

NGP: Next Generation Probiotics-Probióticos de Nueva Generación.

OMS: Organización Mundial de la Salud.

PBS: Phosphate Buffer Saline-Tampón Fosfato Salino.

ROS: Reactive Oxygen Species-Especies Reactivas del Oxígeno.

RT-PCR: Real Time-PCR.

SCX: Strong Cation Exchange.

QPS: Qualified Presunption of Safety-Presunción de Seguridad Cualificada.

03
LA PROTEÓMICA COMO HERRAMIENTA PARA EL ESTUDIO DE LACTOBACILOS CON POTENCIAL PROBIÓTICO

Hikmate Abriouel
Natacha Caballero Gómez
Julia Manetsberger
Nabil Benomar

Correspondencia:
hikmate@ujaen.es, https://orcid.org/0000-0002-0666-3978

63

1 INTRODUCCIÓN

Las ciencias ómicas engloban la genómica, la epigenómica, la transcriptómica, la proteómica y la metabolómica, todas ellas permiten el análisis de los procesos biológicos celulares a diferentes niveles. Estas técnicas se pueden aplicar sobre células individuales o comunidades presentes en un ecosistema, en este caso hablamos de metagenómica, metatranscriptómica, metaproteómica y metametabolómica (Figura 1). Todas estas técnicas requieren de la introducción de metodologías de alto rendimiento, que ha sido crucial para aportar información valiosa y poder así descifrar aspectos moleculares de las diferentes funciones. Estas tecnologías avanzadas, centradas en las funciones de las moléculas biológicas (ADN, ARN, proteínas y metabolitos) o la interacción de las mismas con el hospedador, permiten generar una gran cantidad de datos e información que deben ser analizados desde una perspectiva holística para poder responder a muchas preguntas y resolver los problemas planteados en los diferentes ámbitos (clínico, ambiental, agricultura, etc.).

El paradigma que determina el fenotipo de los organismos está basado en la transferencia de información en un sistema biológico ADN-ARN-Proteína, sin embargo, la información aportada por la genómica

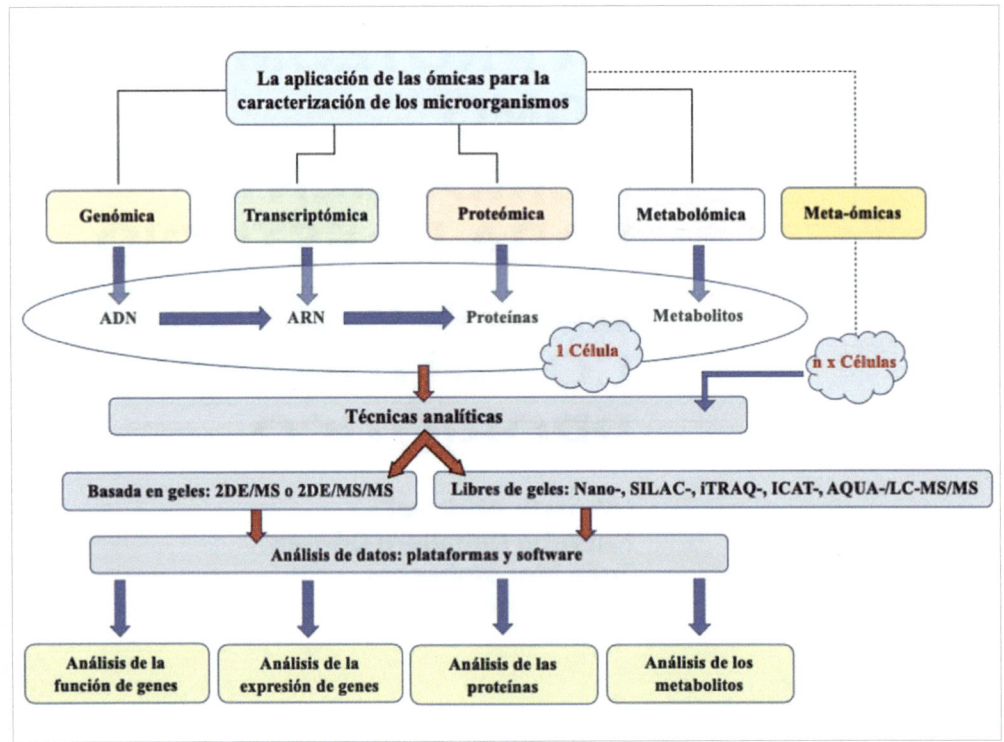

FIGURA 1.

Esquema general de la aplicación de las diferentes técnicas ómicas para el análisis de las moléculas biológicas de microorganismos.

a veces es insuficiente y por lo tanto los datos proporcionados por la transcripción de los genes y la subsiguiente producción de proteínas, que constituyen la base de la proteómica, pueden arrojar luz sobre funciones biológicas específicas y únicas en determinadas condiciones (Figura 1). En el caso de los microorganismos, la aplicación de la proteómica es clave para explicar procesos biológicos de gran relevancia ya que se ha determinado que el microbioma juega un papel importante en la salud y la enfermedad del ser humano (Hu *et al.*, 2018), relacionando la disbiosis de la microbiota con enfermedades complejas tales como la diabetes, las enfermedades cardiovasculares y mentales, la enfermedad de Crohn, el síndrome del intestino irritable y el cáncer entre otros (Hoffman *et al.*, 2016). En este sentido, determinar las proteínas implicadas en los procesos patológicos o las funciones vitales ofrece nuevas oportunidades para ayudar a paliar los efectos negativos y fomentar aquellos positivos para la salud. Todo esto está siendo posible gracias al auge de las herramientas de análisis y plataformas que almacenan todos los datos obtenidos haciéndolos accesibles públicamente para que así sirvan de herramientas útiles para la investigación. En este sentido, uno de los campos donde la aplicación de la proteómica está incrementándose es la caracterización funcional de los microorganismos probióticos.

2   LOS PROBIÓTICOS

Desde el punto de vista etimológico, el término "probiótico" viene del griego "pro" que significa "a favor" y "biótico" que significa "vida". A raíz de esto, la definición de los probióticos ha evolucionado con el tiempo siendo la más utilizada y aceptada aquella propuesta por la Organización de las Naciones Unidas para la Agricultura y la Alimentación (FAO)/ la Organización Mundial de la Salud (OMS) (Food and Agricultural Organization of the United Nations and World Health Organization, 2002; Hill *et al.*, 2014) como "microorganismos vivos que, cuando se administran en cantidades adecuadas, confieren al huésped un beneficio para la salud". El descubrimiento de los probióticos se remonta a más de un siglo, cuando Henry Tissier (1899) observó que las bifidobacterias en las heces de lactantes sanos alimentados con leche materna aportaban protección frente a la diarrea que sufrían otros lactantes alimentados con leche de fórmula; después el microbiólogo ruso y francés, premio Nobel de Fisiología o Medicina en 1908, Elie Metchnikof atribuyó la longevidad de la población búlgara (más de 100 años de edad) a las bacterias presentes "lactobacilos" en su dieta. Estos hallazgos han sido el punto de partida para el lanzamiento de numerosas investigaciones realizadas para poner de manifiesto el papel de algunos microorganismos para garantizar la homeostasis y la buena salud de animales y humanos. Los microorganismos probióticos han sido aislados de diferentes fuentes y engloban bacterias y levaduras que están presentes de forma natural en los productos lácteos, leche materna, heces, el tracto digestivo, el tracto uro-genital, productos vegetales y

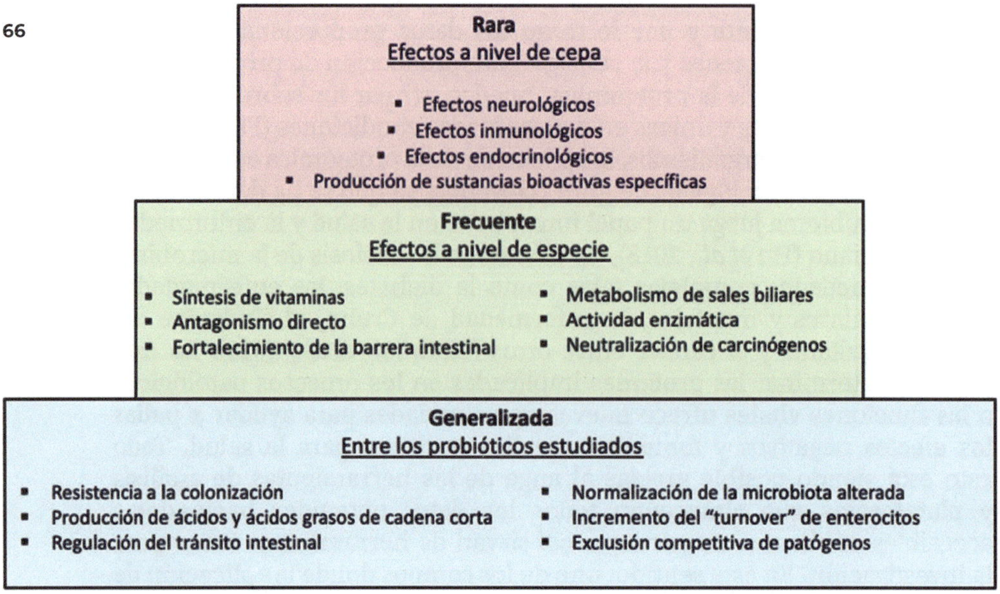

Rara
Efectos a nivel de cepa

- Efectos neurológicos
- Efectos inmunológicos
- Efectos endocrinológicos
- Producción de sustancias bioactivas específicas

Frecuente
Efectos a nivel de especie

- Síntesis de vitaminas
- Antagonismo directo
- Fortalecimiento de la barrera intestinal
- Metabolismo de sales biliares
- Actividad enzimática
- Neutralización de carcinógenos

Generalizada
Entre los probióticos estudiados

- Resistencia a la colonización
- Producción de ácidos y ácidos grasos de cadena corta
- Regulación del tránsito intestinal
- Normalización de la microbiota alterada
- Incremento del "turnover" de enterocitos
- Exclusión competitiva de patógenos

FIGURA 2.

Posible distribución de mecanismos ejercidos por los probióticos (obtenida de Hill *et al.*, 2014; licencia).

alimentos fermentados. En la última década, destaca el creciente interés por probióticos de origen vegetal (alimentos crudos y fermentados) debido a la mayor frecuencia de intolerancia a la lactosa, dislipidemia, alergia y vegetarianismo entre las personas (Granato *et al.*, 2010; Ranadheera *et al.*, 2010; Peres *et al.*, 2012). En este contexto, las aceitunas fermentadas representan una fuente potencial de bacterias probióticas (Granato *et al.*, 2010; Abriouel *et al.*, 2011, 2012; Pérez Montoro *et al.*, 2016).

Los mecanismos de probiosis se traducen en un arsenal de funciones desempeñadas por los microorganismos probióticos (Figura 2; Hill *et al.*, 2014), adquiridos a través de suplementos comerciales o alimentos que los contengan, sobre las estructuras celulares del huésped, la composición de su microbiota y la interacción con ellos. Sin embargo, las primeras investigaciones han permitido atribuir diferentes funcionalidades o *claims* no confirmados en su totalidad y es por ello que la Autoridad Europea de Seguridad Alimentaria (European Food Safety Authority, EFSA) ha dictado regulaciones [Regulation (EC) No 1924/2006 and (EU) No 1169/2011] para el uso correcto del término "probiótico" y sus correspondientes *claims*, especialmente debido a la expansión del mercado de alimentos funcionales y la creciente demanda de los consumidores por alimentos funcionales debidamente identificados (Binnendijk y Rijkers, 2013). En este sentido, gracias a los avances de la tecnología para llevar a cabo los diferentes análisis y su interpretación, hoy día las funciones probióticas deben ser identificadas antes de atribuirlas a una cepa próbiótica en concreto. En general, los probióticos deben reunir aspectos generales (identidad a nivel

LA PROTEÓMICA COMO HERRAMIENTA PARA EL ESTUDIO DE LACTOBACILOS
CON POTENCIAL PROBIÓTICO

de especie, seguridad, resistencia a los ácidos y sales biliares), aspectos tecnológicos, funcionales y beneficiosos (Holzapfel *et al.*, 2002; Saarela, 2019). Para ello, los análisis multiómicos han permitido caracterizar la funcionalidad de los microorganismos probióticos categorizados como "probióticos de nueva generación" (NGP, Next Generation Probiotics) o "probióticos de precisión" (O'Toole *et al.*, 2017; Veiga *et al.*, 2020).

Entre los microorganismos probióticos NGP destacan las bacterias tales como los lactobacilos (*Lactobacillus/Lactiplantibacillus* spp.) y las bifidobacterias (*Bifidobacterium* spp.) y en el caso de las levaduras cepas de la especie *Saccharomyces cerevisiae* son las más utilizadas (Czerucka *et al.*, 2007; Hill *et al.*, 2014).

2.1 Lactobacilos: generalidades

Los lactobacilos son bacilos Gram-positivos, no esporulados, anaerobios facultativos que pertenecen al grupo de las bacterias del ácido láctico (BAL) cuyo principal producto final de la fermentación de carbohidratos es el ácido láctico. Su versatilidad se debe a su plasticidad genética inferida por la diversidad de genes que les permite adaptarse a diferentes nichos ecológicos y condiciones de estrés, permitiéndoles estar ampliamente distribuidos en la naturaleza (medio ambiente, membranas mucosas de animales y humanos, así como material vegetal) y asociarse a alimentos fermentados y piensos (Wacher *et al.*, 2010; Venema y Meijerink, 2015). Muchas especies de lactobacilos poseen el estatus GRAS (Generally Recognized As Safe) y QPS (Qualified Presunption of Safety) otorgados por la Administración de Alimentos y Medicamentos (Food and Drug Administration, FDA) y la Autoridad Europea de Seguridad Alimentaria (European Food Safety Authority, EFSA), respectivamente (Leuschner *et al.*, 2010) como prueba de su larga historia de uso seguro en la nutrición humana siendo responsables de la fermentación de los alimentos (Bernardeau *et al.*, 2006). De hecho, muchos lactobacilos se usan como cultivos iniciadores de los procesos fermentativos para mejorar las propiedades nutricionales y sensoriales de los alimentos, así como la actividad antioxidante y la actividad antimicrobiana (Upadhyay *et al.*, 2004; Bintsis, 2018; Mathur *et al.*, 2020; Yilmaz *et al.*, 2022).

El género *Lactobacillus* fue descubierto por Beijerinck en 1901 y ha sufrido varias reclasificaciones como consecuencia de los avances ómicos, que han ido teniendo lugar. Desde el punto de vista etimológico, la palabra *Lactobacillus* hace referencia a bacilos de origen lácteo (Lac. to.ba.cil.lus. L. neut. n. lac (gen. lactis), milk; L. masc. n. bacillus, a small rod; N.L. masc. n. *Lactobacillus*, milk rodlet; https://lpsn.dsmz.de/). El género *Lactobacillus* pertenece al filo Firmicutes, clase Bacilli, orden *Lactobacillales* y familia *Lactobacillaceae*. En 2020, Zheng *et al.* reclasificaron el género *Lactobacillus* según el análisis de las secuencias genómicas completas, criterios fisiológicos y ecológicos, determinando así 25 géneros incluyendo el género enmendado *Lactobacillus*, que recoge organismos adaptados al huésped que se han denominado grupo *Lactobacillus* **67** *delbrueckii, Paralactobacillus* y 23 nuevos géneros que son los siguientes: *Holzapfelia, Amylolactobacillus, Bombilactobacillus, Companilactobacillus, Lapidilactobacillus, Agrilactobacillus, Schleiferilactobacillus, Loigolactobacilus, Lacticaseibacillus, Latilactobacillus, Dellaglioa, Liquorilactobacillus, Ligilactobacillus, Lactiplantibacillus, Furfurilactobacillus, Paucilactobacillus, Limosilactobacillus, Fructilactobacillus, Acetilactobacillus, Apilactobacillus, Levilactobacillus, Secundilactobacillus* y *Lentilactobacillus*.

2.2 Lactobacilos: efectos probióticos

Los lactobacilos, además de su papel en la fermentación de los alimentos (de origen lácteo, vegetal y animal) y contribución en el desarrollo de las propiedades sensoriales de los mismos, en los últimos años, y gracias a los avances en las ciencias ómicas, también se ha reconocido su papel como probióticos. En este sentido, algunas especies han sido aisladas de heces humanas y animales, demostrando, así, que forman parte de la microbiota natural intestinal y ejercen un efecto sobre la salud del hospedador. Para ello, los lactobacilos adquiridos deben llegar al intestino vivos, aunque no necesariamente deben colonizarlo, sino ejercer efectos positivos mediante las diferentes actividades metabólicas y funcionales. Para ejercer estos efectos beneficiosos los probióticos deben ser capaces de superar todas las barreras para llegar vivos al intestino, es decir tolerar la acidez del estómago y las sales biliares entre otros (Bezkorovainy, 2001). Como ejemplo de los lactobacilos probióticos destacan las cepas *L. casei* Shirota, *L. rhamnosus* GG (ATCC 53103), *L. johnsonii* LA1 o *L. acidophilus* NFCB 1748 (Lidbeck *et al.*, 1988; Gorbach y Goldin, 1989; Spanhaak *et al.*, 1998; Petit *et al.*, 2010).

Los efectos probióticos ejercidos por los lactobacilos son variados y específicos de cada cepa, siendo en algunos casos una misma cepa capaz de desempeñar diferentes actividades (salud intestinal, salud oral, salud de la piel, salud mental, etc.). Por ejemplo, cabe destacar la capacidad antioxidante ejercida por *L. delbrueckii* ssp. *bulgaricus* SRFM-1 y *L. plantarum* YW11 (Tang *et al.*, 2017; Zhang *et al.*, 2017); el mantenimiento de la salud oral por *L. rhamnosus* SD11 y *L. salivarius* (Krzysciak *et al.*, 2017; Rungsri *et al.*, 2017); la mejora de la capacidad cognitiva por *L. helveticus* (Ohsawa *et al.*, 2018); la inmunomodulación por *L. paracasei* supsp. *paracasei* M5L (Tuo *et al.*, 2011); la reducción del colesterol sérico por *L. plantarum* S4-1 (Yu *et al.*, 2013), la actividad antibacteriana por *L. fermentum* SCA52 (AO *et al.*, 2012); la reparación y regeneración de la mucosa intestinal por *L. reuteri* (Wu *et al.*, 2020); y las actividades: antibacteriana, hipocolesterolémica, antihipertensiva, antiinflamatoria, antidiabética, antioxidante, anticancerígena y antialérgica por *L. kefiranofaciens* (Rosa *et al.*, 2017).

3 APLICACIÓN DE LA PROTEÓMICA PARA EL ESTUDIO DE LACTOBACILOS CON POTENCIAL PROBIÓTICO

Para identificar las propiedades funcionales y los mecanismos de acción de los probióticos, el análisis del proteoma definido como "complementos proteicos completos de una fracción celular o subcelular de un microorganismo en una fase de crecimiento bajo una condición fisiológica definida" (Di Cagno *et al.*, 2011), permite determinar las variaciones en la síntesis de proteínas por un probiótico bajo diferentes condiciones ambientales o de estrés. El proteoma es dinámico ya que la información funcional de los genes puede experimentar cambios debido a la fosforilación de proteínas, el tráfico de proteínas, la localización y las interacciones proteína-proteína (Alaoui-Jamali y Xu, 2006). Así, el análisis proteómico permite descifrar la respuesta de un microorganismo probiótico en diferentes condiciones, así como en presencia de otros microorganismos en el mismo nicho ecológico o en cocultivo, o incluso desvelar mecanismos de interacción con el hospedador.

Para categorizar los lactobacilos como potenciales probióticos, diferentes ensayos fenotípicos se llevan a cabo *in vitro* en condiciones simuladas del tracto gastrointestinal (pH ácido y altas concentraciones de sales biliares), como la capacidad de adhesión a mucina y a líneas celulares eucariotas, actividad antimicrobiana, autoagregación y coagregación con patógenos, degradación de carbohidratos complejos y otras propiedades tecnológicas (Pérez Montoro *et al.*, 2016). Las pruebas fenotípicas más comúnmente usadas para el cribado de los probióticos son la resistencia a los ácidos y la tolerancia a las sales biliares (FAO/WHO, 2006). Una vez determinadas otras propiedades funcionales y de seguridad, los lactobacilos de interés seleccionados se catalogan como "lactobacilos con potencial probiótico" y este es el primer paso para seguir investigando los aspectos moleculares responsables de la probiosis. A continuación, los análisis *in vivo* permitirán su caracterización como probióticos al desempeñar las propiedades probióticas en condiciones reales interaccionando con el hospedador.

El análisis del proteoma de lactobacilos con potencial probiótico dependerá del propósito que se pretenda lograr, pudiendo centrarse el estudio en el proteoma total del probiótico o solo en el proteoma de una fracción celular como la pared celular. En todo caso, para analizar estas variaciones del proteoma, procedimientos optimizados han sido descritos por varios autores dependiendo del objetivo a conseguir. Es importante destacar que el procedimiento de la proteómica y el subsiguiente análisis de datos forman parte de un proceso complejo de varias etapas. En general, estos procedimientos incluyen la preparación de la muestra, separación y cuantificación de proteínas, procesamiento y análisis de datos.

3.1   Análisis del proteoma total de los lactobacilos

El proteoma total de los lactobacilos se define como el conjunto total de proteínas celulares en una fase de crecimiento específica bajo condiciones fisiológicas determinadas (Di Cagno *et al.*, 2011), dichas proteínas pueden experimentar variaciones en su síntesis al cambiar las condiciones ambientales (Kelly *et al.*, 2005). Estas variaciones pueden tener un gran impacto sobre las diferentes reacciones o interacciones que tienen lugar en los probióticos para garantizar su supervivencia y para fomentar las interacciones con el hospedador y beneficiar así su salud. Para analizar los probióticos, uno de los aspectos clave en la caracterización de las cepas es determinar su resistencia a los ácidos y su tolerancia a las sales biliares.

La preparación de la muestra se realiza bajo condiciones estándar (control) y bajo condiciones de estrés (tratado) de las cepas de lactobacilos con potencial probiótico. Para ello, los cultivos de lactobacilos obtenidos en el caldo MRS (De Man, Rogosa and Sharpe) se recogen mediante centrifugación tras alcanzar la fase estacionaria temprana (de 12 a 15 h dependiendo de la cepa estudiada), determinada en base a la curva de crecimiento realizada midiendo la absorbancia a 600 nm. Es importante destacar la importancia de realizar el estudio en la misma fase de crecimiento, debido al carácter dinámico del proteoma que puede verse influenciado por diferencias en dicha fase de crecimiento. A continuación, los sedimentos celulares se someten a la extracción total de proteínas de acuerdo con el procedimiento descrito por Hamon *et al.* (2011). Por eso, los sedimentos celulares (procedentes de 10 ml de cultivo) se someten a dos lavados con tampón fosfato salino (PBS) y se resuspenden en 2 ml de PBS para la formación de crioperlas en nitrógeno líquido que se trituran usando una trituradora criogénica con tres pasos de 3 min a una velocidad de 24 impactos/seg. Tras la centrifugación de las muestras y la filtración de los sobrenadantes resultantes, se procede a la purificación de las proteínas usando el reactivo Trizol (Izquierdo *et al.*, 2009) y a la medida de sus concentraciones mediante el reactivo Bradford.

Para la separación de proteínas, hay procedimientos basados en geles (2DE/MS o 2DE/MS/MS) y otros libres de geles (por ejemplo, Nano-, SILAC-, iTRAQ-, ICAT-, AQUA-/LC-MS/MS) debido a las mejoras en las tecnologías proteómicas. Así, hemos pasado de la electroforesis en gel bidimensional (2DE)/espectrometría de masas (MS) a los sistemas sin gel/MS/MS de alto rendimiento (Shotgun Proteomics), lo cual ha tenido gran impacto en el análisis de datos considerando en este caso también las proteínas producidas en muy baja concentración (Figura 1).

A continuación, trataremos de dar algunos ejemplos aplicados para la caracterización de los lactobacilos probióticos, usando tanto las metodologías estándar como las más avanzadas de la proteómica, mediante la búsqueda y el establecimiento de biomarcadores proteómicos.

3.1.1 Resistencia a los ácidos

En un entorno muy ácido como el estómago (pH 1.5-2.0) que permite inhibir diferentes microorganismos, especialmente los patógenos (<10^4 bacteria/gramo del contenido del estómago; OHara y Shanahan, 2006), los lactobacilos con potencial probiótico deben utilizar mecanismos y estrategias para garantizar su supervivencia en este ambiente tan hostil hasta llegar al intestino donde deben ejercer sus propiedades beneficiosas. Estas adaptaciones se traducen en la expresión de genes específicos y la producción de proteínas implicadas en garantizar su supervivencia. En general, los lactobacilos -como productores de ácido láctico- son intrínsecamente resistentes a los ácidos (Tannock, 2004) empleando bombas de protones (por ejemplo, F1 F0-ATPasa), modificando la hidrofobicidad de la superficie celular, alterando el metabolismo o protegiendo/reparando componentes celulares para estabilizar el pH intracelular en un entorno de pH bajo (De Angelis y Gobbetti, 2004), aunque por debajo de pH 3.0 existen diferencias entre especies y cepas. Estas diferencias de tolerancia a pH por debajo de 3.0 permiten seleccionar cepas de interés probiótico (Ronka et al., 2003). En este sentido, la maquinaria utilizada por los lactobacilos con potencial probiótico va más allá de los mecanismos naturales de resistencia inefectivos en un entorno ácido del estómago, para ello la síntesis de proteínas determinadas permite potenciar su adaptación en estas condiciones, por ejemplo, chaperonas, proteínas multifuncionales, proteínas de choque térmico, etc.

Ejemplo de la aplicación de la proteómica para determinar los marcadores de resistencia a los ácidos en *Lactiplantibacillus pentosus* aislada de la aceituna de mesa Aloreña

Para determinar los biomarcadores de resistencia a los ácidos en cepas de *L. pentosus*, aisladas de la fermentación natural de la aceituna de mesa Aloreña –con Denominación de Origen Protegida, DOP–, se ha utilizado la proteómica comparativa de tres cepas de *L. pentosus* (Pérez Montoro et al., 2018a) que mostraron diferentes fenotipos (sensible, intermedio y resistente) de resistencia a los ácidos (pH 1.5) *in vitro* (Pérez Montoro et al., 2016). De una parte, se analizó el proteoma constitutivo (sin estrés) de las tres cepas (fenotipos sensible, intermedio y resistente) para así determinar las proteínas responsables de la resistencia intrínseca a los ácidos en *L. pentosus*, y de otra parte se analizó el proteoma inducido por el estrés a ácidos mediante proteómica comparativa de las mismas cepas con el fin de identificar los biomarcadores de resistencia a los ácidos en *L. pentosus*.

Para la separación de proteínas totales de cepas de *L. pentosus*, se llevó a cabo la electroforesis bidimensional (2DE) que consiste en la separación de proteínas considerando dos dimensiones (el punto isoeléctrico "pI" y el peso molecular). La separación en geles de poliacrilamida (12 %) y la posterior tinción con azul brillante de Coomassie G-250 (Bio-Safe, Bio-Rad) permitió obtener el mapa de proteomas en cada cepa (por triplicado) y cada condición (por triplicado). El análisis de imágenes obtenidas se realizó usando PDQuest 2D analysis 7.4.1 software (Bio-Rad) para detectar y

71

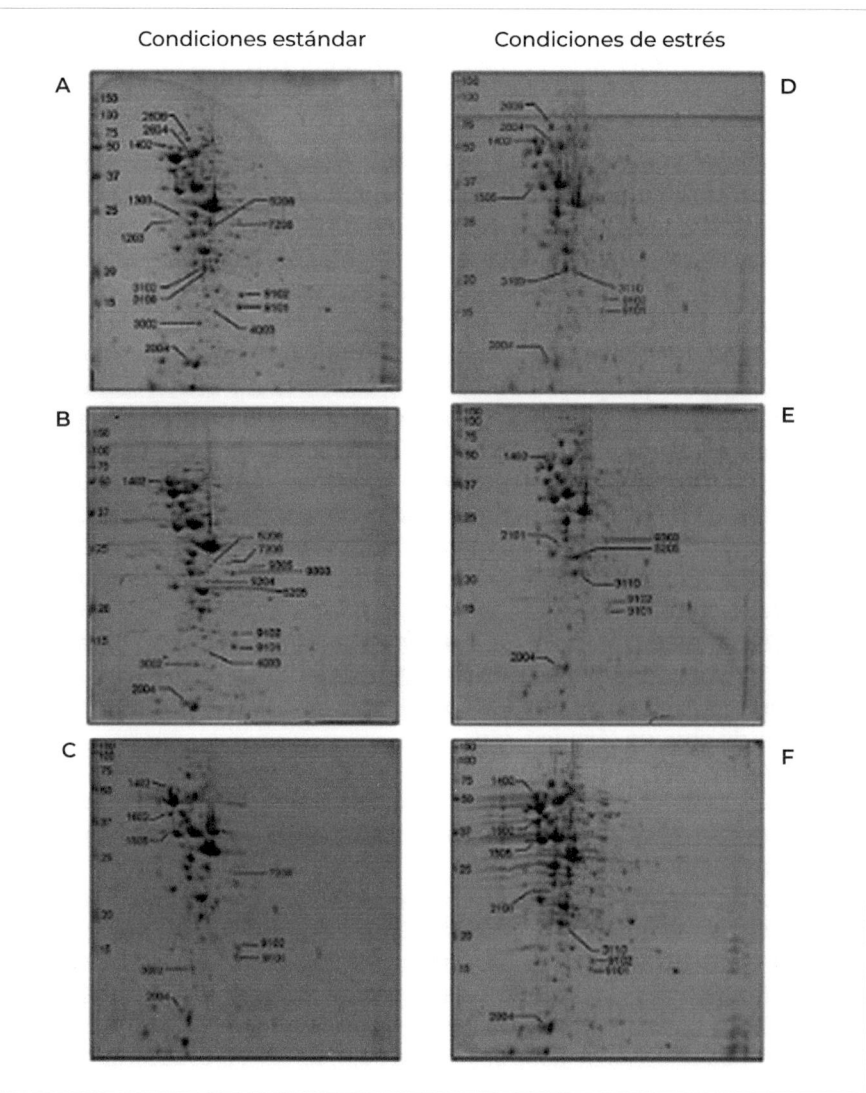

Condiciones estándar   Condiciones de estrés

FIGURA 3.

Electroforesis bidimensional del proteoma total de L. *pentosus* AP2-15 (A, D; fenotipo resistente), L. *pentosus* AP2-18 (B, E; fenotipo intermedio) y L. *pentosus* LP-1 (C, F; fenotipo sensible) cultivados en condiciones estándar (A, B, C) y de estrés a pH ácido (D, E, F). Los puntos diferencialmente producidos fueron analizados e identificados por LC-MS/MS, los marcados en rojo corresponden a los puntos detectados en la misma cepa bajo ambas condiciones (Pérez Montoro *et al.*, 2018a; https://doi.org/10.1016/j.fm.2017.11.006; Copyright Elsevier).

cuantificar los puntos de interés que mostraron cambios estadísticamente significativos. El análisis mediante espectrometría de masas de los puntos de interés se llevó a cabo digiriéndolos con tripsina en el gel de acuerdo con Izquierdo *et al.* (2009) y a continuación se sometió el digerido a la espectrometría de masas (Ultimate 3000 Nano-LC-MS/MS system conectada con Q Exactive Plus mass spectrometer). La identificación de péptidos y proteínas se hizo con el programa PEAKS y usando proteomas de referencia de la base de datos Uniprot, por ejemplo *L. pentosus* KCA1 (http://www.uniprot.org/uniprot/I8R8S7) y *L. pentosus* DSM 20314 (http://www.uniprot.org/uniprot/A0A0R1FPQ6).

El análisis del proteoma constitutivo de las cepas de *L. pentosus* (fenotipos sensible, intermedio y resistente) permitió determinar los marcadores de resistencia intrínseca a los ácidos, es decir proteínas implicadas en reflejar el fenotipo de las cepas (Figura 3). Estas proteínas corresponden a proteínas diferencialmente producidas en *L. pentosus* con fenotipo resistente, sin embargo, hemos detectado que dichas proteínas no estaban directamente relacionadas con la resistencia a ácidos e incluyen proteínas implicadas en la biogénesis del ribosoma (proteína ribosomal 50S L10; punto 3002), gluconeogénesis y procesos glicolíticos (PGAM-d; punto 3102), y biosíntesis de proteínas (factor de elongación G; punto 4003). Así, Pérez Montoro *et al.* (2018a) concluyeron que la resistencia intrínseca de *L. pentosus* a los ácidos está mediada por componentes del metabolismo central (metabolismo de la glucosa y biosíntesis de proteínas), todo ello permite la producción de energía necesaria para garantizar la protección y la supervivencia de *L. pentosus* en condiciones de pH ácido.

Los análisis comparativos de proteomas de la cepa de *L. pentosus* (fenotipo resistente; Pérez Montoro *et al.*, 2018a) bajo condiciones de estrés (pH ácido) versus condiciones estándar (Figura 3) han permitido determinar la sobreproducción de dos proteínas: el factor de elongación G (isoformas, puntos 2606 y 4003) y la fosfoglicerato mutasa 2 dependiente de 2,3-bisfosfoglicerato (isoformas, puntos 3102 y 3109) que son responsables de la biosíntesis de proteínas y la gluconeogénesis, respectivamente. Estas proteínas han sido detectadas en ambas condiciones (control y estrés con ácidos) y por lo tanto consideradas como biomarcadores de resistencia a los ácidos en *L. pentosus*.

Otros ejemplos

Usando la proteómica basada en geles, Hamon *et al.* (2013) demostraron que la resistencia intrínseca de *Lactobacillus plantarum* (ahora *Lactiplantibacillus plantarum*) está basada principalmente en la producción de proteínas implicadas en la protección celular tales como chaperonas (GrpE y ClpL, así como FabF) (Hamon *et al.*, 2013). Sin embargo, las proteínas de choque térmico GrpE, la metionina sintasa MetE y la proteína ribosomal S2 RpsB de la subunidad 30S fueron los biomarcadores de resistencia a los ácidos en *L. plantarum* (Hamon *et al.*, 2013). En el caso de *Lactobacillus casei* ATCC 39392 (ahora *Lacticaseibacillus casei*) (Dadfarma *et al.*, 2020), se identificaron siete proteínas como biomarcadores de resistencia a ácidos que también desempeñan diferentes funciones en la salud humana (anti-cáncer, antimicrobiana, digestión), estas incluyen hidrolasa asociada a la pared celular, glucósido hidrolasa, beta-N-acetil hexosaminidasa, histidina quinasa, chaperonina, hidrolasa dependiente de metales y lisozima.

73

De otra parte, los datos generados de la proteómica libre de geles o *Shotgun Proteomics*, son complementarios a la proteómica basada en geles ya que una técnica no sustituye la otra. Para llevar a cabo la proteómica libre de geles, los extractos proteicos se digieren con tripsina y se someten a la espectrometría de masas (Nano-LC-MS/MS) para la identificación de proteínas y posterior cuantificación usando proteomas de referencia disponibles en la base de datos Uniprot. Los análisis estadísticos permiten desvelar las proteínas diferencialmente producidas incluso aquellas presentes en bajas concentraciones. Heunis *et al.* (2014) utilizaron la proteómica libre de geles (Nano-LC-MS/MS) para determinar los biomarcadores de resistencia a los ácidos y los resultados obtenidos demostraron que doce proteínas fueron diferencialmente producidas en *L. plantarum* 423 expuesta al estrés a pH ácido (pH 2.5). Estas proteínas incluyen proteínas implicadas en la respuesta al estrés general, la utilización de una variedad de fuentes de carbohidratos en un ambiente rico en glucosa, el metabolismo alterado del piruvato, el aumento de la biosíntesis de lisina y en la respuesta significativa al estrés oxidativo en células estresadas por ácido. Además, se determinó que la proteína más abundante detectada fue una proteína no caracterizada, JDM1_2142, que desempeña un papel en la supervivencia durante el estrés ácido.

3.1.2 Tolerancia a las sales biliares

Para tolerar las sales biliares –componentes de la inmunidad innata de los mamíferos– en el paso por el tracto gastrointestinal, los lactobacilos con potencial probiótico deben desarrollar estrategias (expresión de genes específicos y producción de moléculas) para evitar los efectos nocivos ejercidos sobre las características de la membrana celular, daños en el ADN y el estrés oxidativo y osmótico (Begley *et al.*, 2005). En este sentido, para identificar las proteínas implicadas en la tolerancia a las sales biliares, Hamon *et al.* (2011) demostraron mediante proteómica comparativa basada en geles de los lactobacilos (fenotipos resistente, intermedio y sensible) que seis de las proteínas identificadas se pueden considerar como biomarcadores de tolerancia a sales biliares en *L. plantarum*: dos glutatión reductasas implicadas en la protección del daño oxidativo causado por las sales biliares, una ciclopropano-graso-acil-fosfolípido sintasa implicada en el mantenimiento de la integridad de la envoltura celular, una hidrolasa de sales biliares, un transportador ABC y una F0F1-ATP sintasa que participan en la eliminación de factores de estrés relacionados con la bilis. Sin embargo, doce biomarcadores de tolerancia a las sales biliares se detectaron mediante proteómica comparativa de *L. casei* (Hamon *et al.*, 2012). En este sentido, Hamon *et al.* (2012) detectaron proteínas implicadas en la modificación de la membrana (NagA, NagB y RmlC), la protección y desintoxicación celular (ClpL y OpuA), así como el metabolismo central (Eno, GndA, Pgm, Pta, Pyk, Rpl1 y ThRS). En otro estudio realizado con *L. casei* Zhang, aislada de koumiss (China), se identificaron proteínas implicadas en la protección celular (DnaK y GroEL), modificaciones en las membranas celulares (NagA, GalU y PyrD) y componentes clave del metabolismo central (PFK, PGM, CysK, LuxS, PepC y EF-Tu) para sobrevivir al estrés por sales biliares (Wu *et al.*, 2010). Estos resultados demuestran un patrón diferente de proteínas producidas bajo estrés por sales biliares incluso en la misma especie, aunque algunas proteínas son comunes y otras cumplen funcionalidades similares. Además, algunas de las proteínas se pueden considerar como biomarcadores inespecíficos ya que se pueden detectar en diferentes situaciones de estrés tales como la resistencia a ácidos o la tolerancia al calor.

En el caso de *Lactobacillus reuteri* (ahora *Limosilactobacillus reuteri*), Lee *et al.* (2008) analizaron el proteoma bajo condiciones de estrés con sales biliares, detectándose hasta 28 proteínas diferencialmente producidas y que están implicadas en el metabolismo de carbohidratos (glucosa-6-fosfato deshidrogenasa, glucosa-6-fosfato isomerasa, L-lactato deshidrogenasa, ribosa-5-fosfato isomerasa A, manitol-1-fosfato-deshidrogenasa), transcripción-translación (factor de elongación Ts, proteína ribosomal 50S L10, proteína ribosómica S6, factor sigma rpoD de la ARN polimerasa, probable ARNt-metiltransferasa), metabolismo de nucleótidos (formiato-tetrahidrofolato ligasa, dihidroorotato deshidrogenasa), biosíntesis de aminoácidos (s-adenosil metionina sintetasa, proteína de procesamiento de 16S rRNA, prefenato deshidratasa, proenzima de histidina descarboxilasa, glutamato 5-quinasa), homeostasis (proteína de unión a GTP, proteína recR, orinitina carbamoil transferasa, proteína de unión a ATP de importación de cobalto, proteína de reparación de ADN RecN), oxidorreductasa (oxidorreductasa dependiente de NAD) y otras funciones (proteína transportadora de acilo sintasa II, proteína de unión al ADN inducida por estrés, proteína UPF0144, regulador de formación de anillos de septación ezrA, fosforribosil-aminoimidazol sintetasa). Sin embargo, los análisis proteómicos realizados por Bustos *et al.* (2015) sobre el probiótico *L. reuteri* CRL1098 mostraron la producción diferencial de 25 proteínas. Estas proteínas están implicadas en el metabolismo de los nucleótidos (CTP sintetasa), tres proteínas relacionadas con la transcripción y traducción de proteínas (factores de elongación Ts y G, proteína ribosomal 50S L29P), tres proteínas relacionadas con la homeostasis del pH y la respuesta al estrés (chaperonina GroEL, la proteína de unión a GTP TypA y la ornitina carbamoiltransferasa) y la hidrolasa de sales biliares BSH, siendo esta última la más destacada como biomarcador específico de la tolerancia a sales biliares.

Los estudios proteómicos no basados en geles (Nano-LC-MS/MS) de *Lactobacillus fermentum* NCDC 400 (ahora *Limosilactobacillus fermentum*) revelaron que las 80 proteínas diferencialmente producidas (sobreproducidas) y que están implicadas en la tolerancia a las sales biliares están relacionadas con la respuesta al estrés, reparación del ADN, biosíntesis de peptidoglicano, metabolismo de aminoácidos, transducción de señales, transcripción, traducción y metabolismo de carbohidratos (Kaur *et al.*, 2017). Es de destacar que en el conjunto de las respuestas fisiológicas de *L. fermentum* NCDC 400 al estrés por sales biliares, RecA (proteína multifuncional) y UspA (proteína universal del estrés) juegan un papel crucial en dicha respuesta a través del sistema de reparación de ADN y la regulación del metabolismo celular (Kaur *et al.*, 2017). De otra parte, usando otros sistemas de proteómica no basada en geles como la tecnología iTRAQ-LC-MS/MS por Lee *et al.* (2013) para determinar las proteínas implicadas en la resistencia a las sales biliares, se detectaron 94 proteínas sobreproducidas bajo condiciones de estrés y que están involucradas en diferentes procesos celulares, aunque es importante resaltar el incremento de la actividad fosfotransferasa y biosíntesis de la pared celular además de las tres hidrolasas de sales biliares.

3.1.3 Otros tipos de estrés

Además de los ácidos (en el estómago y los productos fermentados) y las sales biliares (en el intestino delgado), los lactobacilos probióticos deben hacer frente a otros tipos de estrés tales como el estrés oxidativo y el estrés osmótico, antimicrobianos, entre otros (Prasad *et al.*, 2003; Xiao *et al.*, 2011). Los lactobacilos no solamente afrontan este tipo de estrés durante su paso por el tracto gastrointestinal sino también durante los procesos de fermentación de los alimentos o durante los procesos tecnológicos de fabricación siendo obligados a adaptarse a diferentes condiciones de estrés para evitar los daños ocasionados en su morfología y fisiología (Ruiz *et al.*, 2011).

El estrés osmótico se debe a la bajada de la actividad de agua (a_w) causada por los procesos tecnológicos (secado por aspersión o en frío) o por la presencia de altas concentraciones de sal u otros solutos (por ejemplo, azúcar) (Prasad *et al.*, 2003). En cuanto al tracto gastrointestinal, la baja a_w en el intestino delgado superior se debe a la concentración de NaCl (osmolaridad equivalente a 0.3 M NaCl) y a cambios en la dieta (De Dea Lindner *et al.*, 2007; Álvarez-Ordóñez *et al.* 2011). Varios trabajos de investigación descifraron las múltiples estrategias adoptadas por los lactobacilos para adaptarse a altas concentraciones de sal que se dan principalmente en la industria (0.35-0.6 M de NaCl), mientras que el tracto gastrointestinal se caracteriza por una concentración moderada de sal (0.3 M de NaCl). En este sentido, diferentes herramientas ómicas revelaron el papel protector de la acumulación de solutos compatibles en la célula, proteínas de membrana para regular la permeabilidad celular de los iones de sales, proteínas de la capa S u otras proteínas de estrés para garantizar la homeostasis (por ejemplo, el antiportador Na^+/H^+) (Roberts, 2005; Romeo *et al.*, 2011; Palomino *et al.*, 2016). Para poner de manifiesto las proteínas implicadas en el estrés osmótico, Li *et al.* (2019) utilizaron procedimientos de proteómica no basada en geles tales como la etiqueta isobárica para cuantificación relativa y absoluta (iTRAQ) y así identificaron las proteínas diferencialmente expresadas en *L. plantarum* FS5-5 (probiótico tolerante a la sal) y que están implicadas en el estrés osmótico. Para ello, *L. plantarum* FS5-5 se inoculó en el caldo MRS con diferentes concentraciones de sal [0, 1.5, 3.0, 4.0, 5.0, 6.0, 7.0 y 8.0 % (p/v) de NaCl] y se incubó a 37°C para alcanzar la fase exponencial (de 6 a 18 h dependiendo de la concentración de sal) (Li *et al.*, 2019). Los sedimentos celulares obtenidos se lavaron tres veces con tampón de fosfato y se procedió a la extracción de proteínas totales que a continuación se digirieron con tripsina, se liofilizaron y se etiquetaron usando iTRAQ Reagent-8Plex Multiplex Kit (AB SCIEX, Foster City, CA, USA). Una vez separados los péptidos etiquetados (cada etiqueta corresponde a las proteínas obtenidas en cada condición de concentración de sal) mediante cromatografía de intercambio catiónico fuerte (Strong cation exchange "SCX" chromatography), se procedió a su análisis usando Nano-LC–MS/MS y posterior identificación y cuantificación de las proteínas usando herramientas bioinformáticas. Las proteínas diferencialmente expresadas (DEPs) ($P < 0.05$) y confirmadas mediante qRT-PCR entre las condiciones control (0 % de sal) y con baja y alta concentración de sal estaban en su mayoría involucradas en el metabolismo de los aminoácidos, el metabolismo de los carbohidratos, el metabolismo de los nucleótidos y el transportador del casete de unión a ATP (ABC). En concreto, seis proteínas (metS, GshAB, GshR3, PepN, GshR4 y serA) implicadas en el metabolismo de los aminoácidos, tres proteínas (I526_2330, Gpd y Gnd) en el metabolismo de los carbohidratos y una proteína (N876_0118940) en la hidrólisis de peptidoglicano fueron los biomarcadores del estrés osmótico en *L. plantarum* FS5-5 (Li *et al.*, 2019).

En el caso del estrés oxidativo, los lactobacilos pueden encontrar condiciones oxidativas tanto durante su preparación (fermentación, secado y almacenamiento) como probióticos, así como durante su paso por el tracto gastrointestinal (especies reactivas del oxígeno, ROS). La formación de especies reactivas del oxígeno (ROS), tales como superóxido, hidroxilo y peróxido de hidrógeno, es uno de los factores que disminuyen la viabilidad de los probióticos afectando a las proteínas, los lípidos y el ADN (Li *et al.*, 2010). En este sentido, Calderini *et al.* (2017) usaron la proteómica comparativa basada en geles para determinar las proteínas responsables de la adaptación de *L. acidophilus* NCFM al H_2O_2. Los resultados obtenidos por estos autores demostraron que las proteínas identificadas estaban típicamente relacionadas con el metabolismo de carbohidratos y energía, la biosíntesis de cisteína (cisteína sintasa) y el estrés (enzimas de las vías de reparación del ADN y las enzimas metabólicas).

En el tracto gastrointestinal, los lactobacilos probióticos también deben afrontar la acción de los antimicrobianos (antibióticos y biocidas), por ejemplo, durante un tratamiento con antibióticos, y para ello deben adoptar estrategias adaptativas para que haya un tratamiento eficaz contra los microorganismos patógenos y al mismo tiempo proporcionar efectos beneficiosos para la salud del hospedador. Para ello, Casado Muñoz *et al.* (2016) utilizaron la proteómica comparativa basada en geles para determinar la respuesta de *L. pentosus* MP-10 con potencial probiótico, aislada de la fermentación natural de la aceituna Aloreña (Abriouel *et al.*, 2012), a la pre-adaptación con concentraciones subletales de antibióticos (amoxicilina, cloranfenicol y tetraciclina) y biocidas (cloruro de benzalconio y triclosán). Los resultados demostraron la sobreproducción de la síntesis de proteínas (proteínas ribosómicas y glutamil-tRNA sintetasa) y la represión total o parcial del metabolismo de los carbohidratos, así como la producción

77

de energía (la proteína fosfoportadora HPr y la oxidorreductasa). Todos estos cambios en la expresión de genes que codifican estas proteínas permiten proporcionar un escenario de ahorro de energía y compensar las proteínas dañadas para garantizar la supervivencia. Además, en el caso de los antibióticos, se produjo la sobreproducción de las proteínas de estrés, como la NADH peroxidasa (Npx) y una pequeña proteína de choque térmico (Casado Muñoz *et al.*, 2016).

3.2 Análisis de subproteomas o proteomas de fracciones celulares de los lactobacilos

El análisis de subproteomas o proteomas de fracciones celulares corresponde al análisis de proteínas de una fracción celular tales como la pared celular o superficie celular (surfoma) o proteínas extracelulares (secretoma o exoproteoma) en lugar de proteomas totales, que son mucho más complejos. Es de gran interés investigar el rol de estas proteínas ya que algunas proteínas dependiendo de su localización en la célula pueden desempeñar diferentes funciones (*moonlighting proteins* o proteínas multifuncionales) (Jeffery, 2003), por ejemplo, la enolasa, que es una enzima intracelular, tiene un papel central en el metabolismo de los carbohidratos, sin embargo, puede promover la adherencia de las bacterias a las células epiteliales humanas cuando se encuentra en la superficie. Así, el análisis de estas proteínas expuestas en la superficie celular o secretadas pone de manifiesto las moléculas implicadas en la interacción de los lactobacilos probióticos con el hospedador.

3.2.1 Adhesión a mucosas

El tracto gastrointestinal está cubierto en su parte interna por mucosa que alberga diferentes microorganismos, comensales, probióticos o patógenos. Para determinar los mecanismos implicados en la interacción y la adhesión de los lactobacilos probióticos a la mucosa intestinal del hospedador, subproteomas de la pared celular fueron analizados usando sistemas libres y basados en geles de poliacrilamida (Ruiz *et al.*, 2016). En este sentido, los subproteomas de la pared celular de lactobacilos con potencial probiótico aislados de la fermentación natural de la aceituna de mesa Aloreña, y que han mostrado diferentes capacidades de adhesión a mucina *in vitro* (adhesión alta "AA", adhesión intermedia "AI" y adhesión baja "AB"), han sido analizados usando sistemas basados en geles de poliacrilamida (2DE), análisis de imagen, digestión con tripsina y a continuación identificación de proteínas (Pérez Montoro *et al.*, 2018b). Para este fin, la extracción de la fracción de la pared celular se ha realizado con los lactobacilos que presentaron los tres fenotipos de adhesión a mucina (adhesión baja, adhesión intermedia y adhesión alta) *in vitro* (Izquiero *et al.*, 2009; Pérez Montoro *et al.*, 2018b). Brevemente, los sedimentos celulares de lactobacilos crecidos en el caldo MRS a 37°C (hasta alcanzar la fase estacionaria después de 18-20 h) fueron lavados tres veces con PBS y resuspendidos en 2 ml de la solución de lísis (Tris-HCl 100 mM, pH 8.0, EDTA 5 mM y lisozima 1 mg/ml) antes de someterse a una digestión a 37°C durante 2 h. A continuación, los sobrenadantes resultantes de la centrifugación fueron mezclados con 0.3 ml de una solución de un intercambiador catiónico fuerte (SCX, International Sorbent Technology, Tucson, EE. UU.), incubados 30 min a 37°C, centrifugados y los sobrenadantes resultantes se filtraron a través de un filtro de tamaño de poro de 0.45 μm (Crhomafil PET; Macherey-Nagel, Hoerdt, Francia). Las proteínas se precipitaron añadiendo 10 ml de acetona helada y fueron recogidas mediante centrifugación antes de su purificación con 0.5 ml de Trizol (Euromedex, Souffelweyersheim, Francia) y 0.1 ml de cloroformo. Tras una nueva centrifugación para retirar la fase acuosa superior, se añadieron 0.15 ml de etanol a los tubos que fueron agitados por inversión y centrifugados nuevamente. Las proteínas presentes en los sobrenadantes se precipitaron añadiendo 2 ml de acetona fría y se recogieron mediante centrifugación. Tras varios lavados con acetona/agua (80:20, v/v) a -20°C, las proteínas se suspendieron en 0.2 ml de solución tampón (urea 7 M, tiourea 2 M, 4 % CHAPS, Tris 20 mM, pH 8.5) antes de ser cuantificadas usando el reactivo Bradford (Bio-Rad).

Una vez obtenidos los sub-proteomas correspondientes a la pared celular de los lactobacilos, que exhiben los tres fenotipos de adhesión a mucina (cepas de *L. pentosus* CF2-20P "AB", *L. pentosus* CF1-37 N "AI" y *L. pentosus* CF1-43 N "AA"), fueron analizados mediante proteómica (2DE y análisis MS) comparativa (Figura 4). Los resultados obtenidos revelaron la sobreproducción de cuatro proteínas multifuncionales en *L. pentosus* CF1-43 N (fenotipo con adhesión alta a mucina), que no estuvieron presentes en las otras cepas con adhesión intermedia y baja a mucina. Dichas proteínas están implicadas en la vía glucolítica (fosfoglicerato mutasa y glucosamina-6-fosfato desaminasa),

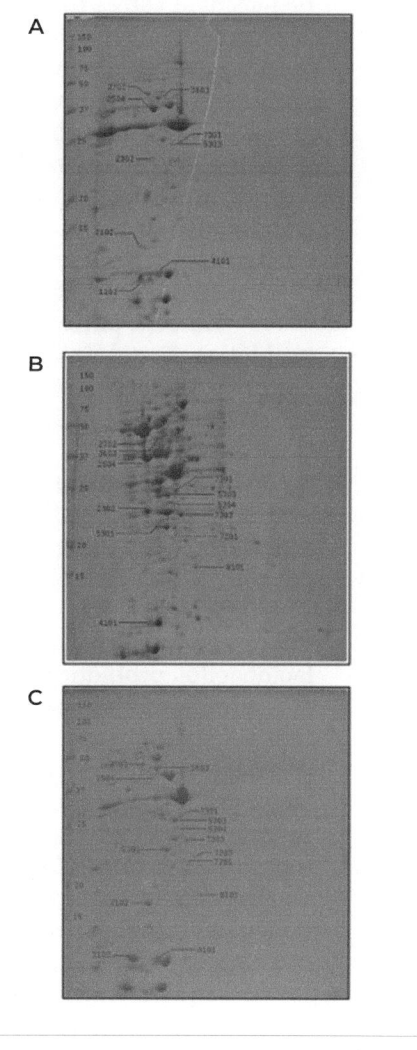

FIGURA 4.
Electroforesis bidimensional de proteomas de pared celular de L. *pentosus* CF2-20P (A, fenotipo de adhesión baja "AB"), L. *pentosus* CF1–37 N (B, fenotipo de adhesión intermedia "AI") y L. *pentosus* CF1–43 N (C, fenotipo de adhesión alta "AA"). Los puntos con producción diferencial entre las cepas de L. *pentosus* fueron identificadas (Pérez Montoro *et al.*, 2018b; https://doi.org/10.1016/j.foodres.2018.04.072; Copyright Elsevier).

respuesta al estrés (pequeña proteína de choque térmico) y transcripción (factor de elongación de la transcripción GreA). Los resultados obtenidos fueron confirmados mediante qRT-PCR (RT-PCR cuantitativa en tiempo real) de los genes implicados. Pérez Montoro *et al.* (2018b) concluyeron que las cuatro proteínas se pueden considerar como biomarcadores de adhesión a mucina en *L. pentosus*. Sin embargo, Izquierdo *et al.* (2009) demostraron que las proteínas involucradas en la adhesión de *L. plantarum* a mucina fueron: el factor de elongación EF-Tu, chaperonina GroEL, chaperona molecular DnaK, gliceraldehído-3-fosfato deshidrogenasa y la co-chaperonina GroES.

De otra parte, el análisis proteómico de la superficie celular del probiótico *L. acidophilus* NCFM demostró la producción diferencial del factor de elongación G, la pululanasa termoestable y la proteína de estrés inducible por privación de fosfato (Celebioglu *et al.*, 2016).

3.2.2 Interacción con el hospedador

El tracto gastrointestinal, un ecosistema complejo y diverso, alberga diferentes microorganismos y algunos de ellos poseen un potencial patógeno. Estos patógenos pueden competir con los microorganismos comensales y colonizar así el tracto gastrointestinal provocando finalmente diferentes enfermedades intestinales. Para garantizar la homeostasis, los lactobacilos probióticos juegan un papel importante en la modulación de la microbiota intestinal mediante diferentes procesos de comunicación e interacción tanto con el hospedador como con su microbiota (comensales y patógenos). Para poner de manifiesto esta comunicación entre los lactobacilos probióticos y el hospedador (o su microbiota natural), la proteómica global o la correspondiente a proteínas de superficie (surfoma) o proteínas extracelulares (secretoma) han permitido determinar el papel de las proteínas extracelulares o de superficie de los lactobacilos como moléculas implicadas en la adhesión a la mucosa y a las células epiteliales, la inmunomodulación y otras funciones probióticas (Sánchez *et al.*, 2008).

En este contexto, el análisis de proteínas secretadas por el probiótico *L. gasseri* OLL2809 (aislado de heces humanas) que interaccionan con las células inmunitarias (células dendríticas como principales actores de la regulación de la inmunidad intestinal) permitió determinar el papel de algunas proteínas en la modulación de la respuesta del sistema inmune (Mazzeo *et al.*, 2020). Para este fin, el análisis proteómico diferencial -basado en sistemas libres de geles (LC-MS/MS)- del secretoma de las células dendríticas (de ratones) en diferentes condiciones: inmaduras, maduras (inducidas por lipopolisacárido) e inmaduras tras un contacto con *L. gasseri* OLL2809 y posteriormente inducidas por lipopolisacárido. Los resultados obtenidos demostraron que el tratamiento previo con *L. gasseri* OLL2809 produjo cambios en el secretoma a favor de varias proteínas, no solo las implicadas en la regulación inmunitaria clásica (es decir, citocinas, factores del complemento, ligandos del receptor de células T) sino también las involucradas en las maquinarias contráctil y desmosoma (Mazzeo *et al.*, 2020). Los autores concluyeron que *L. gasseri* puede modular el proceso de maduración de las células dendríticas y así destacar su papel anti-inflamatorio.

De otra parte, el análisis de las vesículas de membrana extracelular (MV) de los lactobacilos probióticos se ha convertido en una herramienta muy útil para descifrar las interacciones entre bacterias y también entre bacterias y el hospedador (Caruana y Walper, 2020). Se trata de potentes mediadores de comunicación probiótico-hospedador que desempeñan varias funciones tales como la modulación de la respuesta antiinflamatoria, la inhibición de células cancerígenas y la inhibición de patógenos entre otros (referida en Pang *et al.*, 2022). El análisis proteómico de dichas vesículas de membrana extracelular de *Limosilactobacillus reuteri* DSM 17938 y BG-R46 (antes *Lactobacillus reuteri*) determinó la presencia de una gran cantidad de proteínas de la superficie bacteriana que están implicadas en las interacciones huésped-bacteria, por ejemplo, la proteína 5'-nucleotidasa, que cataliza la conversión de AMP en la molécula de señal adenosina; el ácido lipoteicoico activador del receptor TLR2 en la vesícula de membrana extracelular. Pang *et al.* (2022) han determinado que las vesículas de membrana extracelulares de *L. reuteri* protegen las células epiteliales de los efectos perjudiciales de *Escherichia coli* enterotoxigénica (ETEC) y modulan las respuestas de citoquinas.

4   CONCLUSIONES

Los lactobacilos probióticos, además de su rol en la fermentación de alimentos, desempeñan un papel fundamental en la salud humana y animal usando diferentes mecanismos y mediadores. Estos se ponen de manifiesto mediante los análisis ómicos, siendo la proteómica una de las metodologías clave para elucidar dichos mediadores y plantear mejoras que repercutan sobre los procesos tecnológicos y las propiedades funcionales de dichos lactobacilos. Tanto la proteómica basada en geles como la proteómica libre de geles proporcionan datos complementarios para poder caracterizar las proteínas implicadas en los diferentes procesos fisiológicos de adaptación al medio ambiente y a las condiciones del hospedador. La determinación de los biomarcadores de probiosis permite, de una parte, el cribado molecular de las cepas con potencial probiótico y, de otra parte, determinar las herramientas para la mejora de su adaptación/funcionalidad.

BIBLIOGRAFÍA

Abriouel, H., Benomar, N., Lucas, R. y Gálvez, A. (2011). Culture-independent study of the diversity of microbial populations in brines during fermentation of naturally fermented Aloreña green table olives. *International Journal of Food Microbiology, 144*, 487–496. https://doi.org/10.1016/j.ijfoodmicro.2010.11.017

Abriouel, H., Benomar, N., Cobo, A., Caballero, N., Fernández Fuentes, M. A., Pérez-Pulido, R. y Gálvez, A. (2012). Characterization of lactic acid bacteria from naturally-fermented Manzanilla Aloreña green table olives. *Food Microbiology, 32*, 308–316. https://doi.org/10.1016/j.fm.2012.01.004

Alaoui-Jamali, M. A. y Xu, Y.-J. (2006). Proteomic technology for biomarker profiling in cancer: An update. *Journal of Zhejiang University Science B (Biomedicine and Biotechnology), 7*(6), 411–420. https://doi.org/10.1631/jzus.2006.B0411

Álvarez-Ordóñez, A., Begley, M., Prieto, M., Messens, W., López, M., Bernardo, A. y Hill, C. (2011). *Salmonella* spp. survival strategies within the host gastrointestinal tract. *Microbiology, 157*, 3268–3281. https://doi.org/10.1099/mic.0.050801-0

Ao, X., Zhang, X., Zhang, X., Shi, L., Zhao, K., Yu, J., Dong, L., Cao, Y. y Cay, Y. (2012). Identification of lactic acid bacteria in traditional fermented yak milk and evaluation of their application in fermented milk products. *Journal of Dairy Science, 95*, 1073–1084. https://doi.org/10.3168/jds.2011-4531

Beijerinck, M. W. (1901). Sur les ferments lactiques de l'industrie. *Archives Néerlandaises des Sciences Exactes et Naturelles (Section 2), 6*, 212–243. https://doi.org/10.1007/BF02961247

Bezkorovainy, A. (2001). Probiotics: Determinants of survival and growth in the gut. *The American Journal of Clinical Nutrition, 73*, 399S–405S. https://doi.org/10.1093/ajcn/73.2.399s

Binnendijk, K. H. y Rijkers, G. T. (2013). What is a health benefit? An evaluation of EFSA opinions on health benefits with reference to probiotics. *Beneficial Microbes, 4*(3), 223–230. https://doi.org/10.3920/BM2012.0040

Bintsis, T. (2018). Lactic acid bacteria: Their applications in foods. *Journal of Bacteriology and Mycology, 56*(2), 89–94. https://doi.org/10.12970/2319-1104.2018.06.01.1

Bustos, A. Y., Font de Valdez, G., Raya, R., Martinho de Almeida, A., Fadda, S. y Taranto, M. P. (2015). Proteomic analysis of the probiotic *Lactobacillus reuteri* CRL1098 reveals novel tolerance biomarkers to bile acid-induced stress. *Food Research International, 77*, 599–607. https://doi.org/10.1016/j.foodres.2015.09.029

Calderini, E., Celebioglu, H. U., Villarroel, J., Jacobsen, S., Svensson, B. y Pessione, E. (2017). Comparative proteomics of oxidative stress response of *Lactobacillus acidophilus* NCFM reveals effects on DNA repair and cysteine de novo synthesis. *Proteomics, 17*(5), 160–178. https://doi.org/10.1002/pmic.201600258

Caruana, J. C. y Walper, S. A. (2020). Bacterial membrane vesicles as mediators of microbe–microbe and microbe–host community interactions. *Frontiers in Microbiology, 11*, 432. https://doi.org/10.3389/fmicb.2020.00432

Casado Muñoz, M. D. C., Benomar, N., Ennahar, S., Horvatovich, P., Lavilla Lerma, L., Knapp, C. W., Gálvez, A. y Abriouel, H. (2016). Comparative proteomic analysis of a potentially probiotic *Lactobacillus pentosus* MP-10 for the identification of key proteins involved in antibiotic resistance and biocide tolerance. *International Journal of Food Microbiology, 222*, 8-15. https://doi.org/10.1016/j.ijfoodmicro.2016.01.015

Celebioglu, H. U., Ejby, M., Majumder, A., Købler, C., Goh. y J., Thorsen, K., Schmidt, B., O'Flaherty, S., Abou Hachem, M., Lahtinen, S. J., Jacobsen, S., Klaenhammer, T. R., Brix, S., Mølhave, K. y Svensson, B. (2016). Differential proteome and cellular adhesion analyses of the probiotic bacterium *Lactobacillus acidophilus* NCFM grown on raffinose – an emerging prebiotic. *Proteomics, 16*, 1361-1375. https://doi.org/10.1002/pmic.201500469

Czerucka, D., Piche, T. y Rampal, P. (2007). Review article: Yeast as probiotics— *Saccharomyces boulardii*. *Alimentary Pharmacology and Therapeutics, 26*, 767–778. https://doi.org/10.1111/j.1365-2036.2007.03442.x

Dadfarma, N., Karimi, G., Nowroozi, J., Nejadi, N., Kazemi, B. y Bandehpour, M. (2020). Proteomic analysis of *Lactobacillus casei* in response to different pHs using two-dimensional electrophoresis and MALDI TOF mass spectroscopy. *Iranian Journal of Microbiology, 12(5)*, 431-436.

De Angelis, M. y Gobbetti, M. (2004). Environmental stress responses in *Lactobacillus*: A review. *Proteomics, 4*, 106-122. https://doi.org/10.1002/pmic.200300497

De Dea Lindner, J., Canchaya, C., Zhang, Z., Neviani, E., Fitzgerald, G. F., van Sinderen, D. y Ventura, M. (2007). Exploiting *Bifidobacterium* genomes: The molecular basis of stress response. *International Journal of Food Microbiology, 120*, 13–24. https://doi.org/10.1016/j.ijfoodmicro.2007.06.010

Di Cagno, R., De Angelis, M., Calasso, M. y Gobbetti, M. (2011). Proteomics of the bacterial cross-talk by quorum sensing. *Journal of Proteomics, 74*, 19–34. https://doi.org/10.1016/j.jprot.2010.07.016

Gorbach, S. L. y Goldin, B. R. (1989). *Lactobacillus* strains and methods of selection. *Google Patents* US4839281A. Boston, MA, New England Medical Center Hospitals.

Granato, D., Branco, G. F., Nazzaro, F., Cruz, A. G. y Faria, J. A. F. (2010). Functional foods and non-dairy probiotic food development: Trends, concepts, and products. *Comprehensive Reviews in Food Science and Food Safety, 9*, 292-302. https://doi.org/10.1111/j.1541-4337.2010.00110.x

Hamon, E., Horvatovich, P., Izquierdo, E., Bringel, F., Marchioni, E., Aoudé-Werner, D. y Ennahar, S. (2011). Comparative proteomic analysis of *Lactobacillus plantarum* for the identification of key proteins in bile tolerance. *BMC Microbiology, 11*, 63. https://doi.org/10.1186/1471-2180-11-63

Hamon, E., Horvatovich, P., Bisch, M., Bringel, F., Marchioni, E., Aoudé-Werner, D. y Ennahar, S. (2012). Investigation of biomarkers of bile tolerance in *Lactobacillus casei* using comparative proteomics. *Journal of Proteome Research, 11(1)*, 109–118. https://doi.org/10.1021/pr2006902

83

Hamon, E., Horvatovich, P., Marchioni, E., Aoudé-Werner, D. y Ennahar, S. (2013). Investigation of potential markers of acid resistance in *Lactobacillus plantarum* by comparative proteomics. *Journal of Applied Microbiology, 116*, 134-144. https://doi.org/10.1111/jam.12353

Hidalgo-Cantabrana, C., Moro-García, M. A., Blanco-Míguez, A., Fernández-Riverola, F., Oliván, M., Royo, L. J., Riestra, S., Margolles, A., Lourenço, A., Alonso-Arias, R. y Sánchez, B. (2020). The extracellular proteins of *Lactobacillus acidophilus* DSM 20079T display anti-inflammatory effect in piglets, healthy human donors and Crohn's disease patients. *Journal of Functional Foods, 64*, 103660. https://doi.org/10.1016/j.jff.2019.103660

Heunis, T., Deane, S., Smit, S. y Dicks, L. M. T. (2014). Proteomic profiling of the acid stress response in *Lactobacillus plantarum* 423. *Journal of Proteome Research, 13(9)*, 4028-4039. https://doi.org/10.1021/pr500290z

Hill, C., Guarner, F., Reid, G., Gibson, G. R., Merenstein, D. J., Pot, B., Morelli, L., Berni Canani, R., Flint, H. J., Saminnen, S., Calder, P. C. y Sanders, M. E. (2014). The International Scientific Association for Probiotics and Prebiotics consensus statement on the scope and appropriate use of the term probiotic. *Nature Reviews Gastroenterology & Hepatology, 11*, 506–514. https://doi.org/10.1038/nrgastro.2014.66

Hoffmann, A. R., Proctor, L., Surette, M. y Suchodolski, J. (2016). The microbiome: The trillions of microorganisms that maintain health and cause disease in humans and companion animals. *Veterinary Pathology, 53(1)*, 10–21. https://doi.org/10.1177/0300985815595518

Hu, J., Koh, H., He, L., Liu, M., Blaser, M. J. y Li, H. (2018). A two-stage microbial association mapping framework with advanced FDR control. *Microbiome, 6(1)*, 1–16. https://doi.org/10.1186/s40168-018-0434-7

Izquierdo, E., Horvatovich, P., Marchioni, E., Aoudé-Werner, D., Sanz, Y. y Ennahar, S. (2009). 2-DE and MS analysis of key proteins in the adhesion of *Lactobacillus plantarum*, a first step toward early selection of probiotics based on bacterial biomarkers. *Electrophoresis, 30*, 949-956. https://doi.org/10.1002/elps.200800563

Jeffery, C. J. (2003). Moonlighting proteins: Old proteins learning new tricks. *Trends in Genetics, 19*, 415–417. https://doi.org/10.1016/S0168-9525(03)00167-7

Kaur, G., Ali, S. A., Kumar, S., Mohanty, A. K. y Behare, P. (2017). Label-free quantitative proteomic analysis of *Lactobacillus fermentum* NCDC 400 during bile salt exposure. *Journal of Proteomics, 167*, 36-45. https://doi.org/10.1016/j.jprot.2017.07.002

Kelly, P., Maguire, P. B., Bennett, M., Fitzgerald, D. J., Edwards, R. J., Thiede, B., Treumann, A., Collins, K. J., O'Sullivan, G. C. y Shanahan, F. (2005). Correlation of probiotic *Lactobacillus salivarius* growth phase with its cell wall associated proteome. *FEMS Microbiology Letters, 252*, 153–159. https://doi.org/10.1016/j.femsle.2005.08.029

Koskenniemi, K., Laakso, K., Koponen, J., Kankainen, M., Greco, D., Auvinen, P., Savijoki, K., Nyman, T. A., Surakka, A., Salusjärvi, T., de Vos, W. M., Tynkkynen, S., Kalkkinen, N. y Varmanen, P. (2011). Proteomics and transcriptomics characterization of bile stress response in probiotic *Lactobacillus rhamnosus* GG. *Molecular & Cellular Proteomics, 10(2)*, M110.002741. https://doi.org/10.1074/mcp.M110.002741

Krzysciak, W., Koscielniak, D., Papiez, M., Vyhouskaya, P., Zarórska-Swiezy, K., Kolodziej, I., Bystrowska, B. y Jurczak, A. (2017). Effect of a *Lactobacillus salivarius* probiotic on a double-species *Streptococcus mutans* and *Candida albicans* caries biofilm. *Nutrients, 9*(11), 1242. https://doi.org/10.3390/nu9111242

Lee, K., Lee, H. G. y Choi, Y. J. (2008). Proteomic analysis of the effect of bile salts on the intestinal and probiotic bacterium Lactobacillus reuteri. *Journal of Biotechnology, 137*(1-4), 14-19. https://doi.org/10.1016/j.jbiotec.2008.06.001

Lee, J. Y., Pajarillo, E. A., Kim, M. J., Chae, J. P. y Kang, D. K. (2013). Proteomic and transcriptional analysis of Lactobacillus johnsonii PF01 during bile salt exposure by iTRAQ shotgun proteomics and quantitative RT-PCR. *Journal of Proteome Research, 12*, 432–443. https://doi.org/10.1021/pr300721e

Li, M., Wang, Q., Song, X., Guo, J., Wu, J. y Wu, R. (2019). iTRAQ-based proteomic analysis of responses of Lactobacillus plantarum FS5-5 to salt tolerance. *Annals of Microbiology, 69*, 377–394. https://doi.org/10.1007/s13213-019-01446-0

Lidbeck, A., Edlund, C., Gustafsson, J. A., Kager, L. y Nord, C. E. (1988). Impact of Lactobacillus acidophilus on the normal intestinal microflora after administration of two antimicrobial agents. *Infection, 16*(6), 329-336. https://doi.org/10.1007/BF01647057

Mathur, H., Beresford, T. P. y Cotter, P. D. (2020). Health benefits of lactic acid bacteria (LAB) fermentates. *Nutrients, 12*(6), 1679. https://doi.org/10.3390/nu12061679

Mazzeo, M. F., Luongo, D., Sashihara, T., Rossi, M. y Siciliano, R. A. (2020). Secretome analysis of mouse dendritic cells interacting with a probiotic strain of Lactobacillus gasseri. *Nutrients, 12*(2), 555. https://doi.org/10.3390/nu12020555

Ohsawa, K., Nakamura, F., Uchida, N., Mizuno, S. y Yokogoshi, H. (2018). Lactobacillus helveticus-fermented milk containing lactononadecapeptide (NIPPLTQTPVVVPPFLQPE) improves cognitive function in healthy middle-aged adults: A randomised, double-blind, placebo-controlled trial. *International Journal of Food Sciences and Nutrition, 69*, 369–376. https://doi.org/10.1080/09637486.2017.1370742

O'Toole, P., Marchesi, J. y Hill, C. (2017). Next-generation probiotics: The spectrum from probiotics to live biotherapeutics. *Nature Microbiology, 2*, 17057. https://doi.org/10.1038/nmicrobiol.2017.57

Palomino, M. M., Waehner, P. M., Fina Martin, J., Ojeda, P., Malone, L., Sánchez Rivas, C., Prado Acosta, M., Allievi, M. C. y Ruzal, S. M. (2016). Influence of osmotic stress on the profile and gene expression of surface layer proteins in Lactobacillus acidophilus ATCC 4356. *Applied Microbiology and Biotechnology, 100*(19), 8475-8484. https://doi.org/10.1007/s00253-016-7649-1

Pang, Y., Ermann Lundberg, L., Mata Forsberg, M., Ahl, D., Bysell, H., Pallin, A., Sverremark-Ekström, E., Karlsson, R., Jonsson, H. y Roos, S. (2022). Extracellular membrane vesicles from Limosilactobacillus reuteri strengthen the intestinal epithelial integrity, modulate cytokine responses, and antagonize activation of TRPV1. *Frontiers in Microbiology, 13*, 1032202. https://doi.org/10.3389/fmicb.2022.1032202

Peres, C. M., Hernandez-Mendoza, A., Peres, C. y Malcata, F. X. (2012). Review on fermented plant materials as carriers and sources of potentially probiotic lactic acid bacteria with an emphasis on table olives. *Trends in Food Science and Technology, 26*(1), 31-42. https://doi.org/10.1016/j.tifs.2012.01.006

Pérez-Montoro, B., Benomar, N., Lavilla-Lerma, L., Castillo-Gutiérrez, S., Gálvez, A. y Abriouel, H. (2016). Fermented Aloreña table olives as a source of potential probiotic Lactobacillus pentosus strains. *Frontiers in Microbiology, 7*, 1583. https://doi.org/10.3389/fmicb.2016.01583

Pérez Montoro, B., Benomar, N., Caballero Gómez, N., Ennahar, S., Horvatovich, P., Knapp, C. W., Gálvez, A. y Abriouel, H. (2018a). Proteomic analysis of Lactobacillus pentosus for the identification of potential markers involved in acid resistance and their influence on other probiotic features. *Food Microbiology, 72*, 31–38. https://doi.org/10.1016/j.fm.2017.11.003

Pérez Montoro, B., Benomar, N., Caballero Gómez, N., Ennahar, S., Horvatovich, P., Knapp, C. W., Alonso, E., Gálvez, A. y Abriouel, H. (2018b). Proteomic analysis of Lactobacillus pentosus for the identification of potential markers of adhesion and other probiotic features. *Food Research International, 111*, 58-66. https://doi.org/10.1016/j.foodres.2018.05.017

Petit, V., García-Ródenas, C., Julita, M., Prioult, G., Mercenier, A. y Nutten, S. (2010). Lactobacillus johnsonii La1 NCC533 (CNCM I-1225), no replicantes, y trastornos inmunes. Patent WO10130662.

Prasad, J., McJarrow, P. y Gopal, P. (2003). Heat and osmotic stress responses of probiotic Lactobacillus rhamnosus HN001 (DR20) in relation to viability after drying. *Applied and Environmental Microbiology, 69*, 917–925. https://doi.org/10.1128/AEM.69.2.917-925.2003

Ranadheera, R. D. C. S., Baines, S. K. y Adams, M. C. (2010). Importance of food in probiotic efficacy. *Food Research International, 43*, 1-7. https://doi.org/10.1016/j.foodres.2009.09.009

Ronka, E., Malinen, E., Saarela, M., Rinta-Koski, M., Aarnikunnas, J. y Palva, A. (2003). Probiotic and milk technological properties of Lactobacillus brevis. *International Journal of Food Microbiology, 83*, 63-74. https://doi.org/10.1016/S0168-1605(02)00302-0

Rosa, D. D., Dias, M. M. S., Grzeskowiak, Ł. M., Reis, S. A., Conceição, L. L. y Peluzio, C. G. (2017). Milk kefir: nutritional, microbiological and health benefits. *Nutrition Research Reviews, 30*(1), 82–96. https://doi.org/10.1017/S0954422416000275

Ruiz, L., Ruas-Madiedo, P., Gueimonde, M., de los Reyes-Gavilán, C. G., Margolles, A. y Sánchez, B. (2011). How do bifidobacteria counteract environmental challenges? Mechanisms involved and physiological consequences. *Genes and Nutrition, 6*(3), 307–318. https://doi.org/10.1007/s12263-010-0211-7

Rungsri, P., Akkarachaneeyakorn, N., Wongsuwanlert, M., Piwat, S., Nantarakchaikul, P. y Teanpaisan, R. (2017). Effect of fermented milk containing Lactobacillus rhamnosus SD11 on oral microbiota of healthy volunteers: a randomized clinical trial. *Journal of Dairy Science, 100*(10), 7780–7787. https://doi.org/10.3168/jds.2017-12839

Saarela, M. (2019). Safety aspects of next generation probiotics. *Current Opinion in Food Science, 30*, 8–13. https://doi.org/10.1016/j.cofs.2018.10.003

Sánchez, B., Bressollier, P. y Urdaci, M. C. (2008). Exported proteins in probiotic bacteria: adhesion to intestinal surfaces, host immunomodulation and molecular cross-talking with the host. *FEMS Immunology and Medical Microbiology, 54*(1), 1–17. https://doi.org/10.1111/j.1574-695X.2008.00454.x

Spanhaak, S., Havenaar, R. y Schaafsma, G. (1998). The effect of consumption of milk fermented by Lactobacillus casei strain Shirota on the intestinal microflora and immune parameters in humans. *European Journal of Clinical Nutrition, 52*(12), 899–907. https://doi.org/10.1038/sj.ejcn.1600666

Tang, W., Dong, M., Wang, W., Han, S., Rui, X., Chen, X., Jiang, M., Zhang, Q., Wu, J. y Li, W. (2017). Structural characterization and antioxidant property of released exopolysaccharides from Lactobacillus delbrueckii ssp. bulgaricus. *Carbohydrate Polymers, 173*, 654–664. https://doi.org/10.1016/j.carbpol.2017.06.025

Tannock, G. W. (2004). A special fondness for lactobacilli. *Applied and Environmental Microbiology, 70*(6), 3189-3194. https://doi.org/10.1128/AEM.70.6.3189-3194.2004

Tuo, Y., Zhang, L., Han, X., Du, M., Zhang, Y., Yi, H., Zhang, W. y Jiao, Y. (2011). In vitro assessment of immunomodulating activity of the two Lactobacillus strains isolated from traditional fermented milk. *World Journal of Microbiology and Biotechnology, 27*(3), 505–511. https://doi.org/10.1007/s11274-010-0485-4

Upadhyay, V. K., McSweeney, P. L. H., Magboul, A. A. A. y Fox, P. F. (2004). Proteolysis in cheese during ripening. En P. F. Fox, P. L. H. McSweeney, T. M. Cogan, & T. P. Guinee (Eds.), *Cheese: Chemistry, Physics and Microbiology* (Vol. 1, pp. 391–433). Elsevier Academic Press. https://doi.org/10.1016/B978-0-12-263652-3.50013-9

Veiga, P., Suez, J., Derrien, M. y Elinav, E. (2020). Moving from probiotics to precision probiotics. *Nature Microbiology, 5*(7), 878–880. https://doi.org/10.1038/s41564-020-0715-9

Venema, K. y Meijerink, M. (2015). Lactobacilli as probiotics: discovering new functional aspects and target sites. En K. Venema & A. P. do Carmo (Eds.), *Probiotics and Prebiotics: Current Research and Future Trends* (pp. 29–42). Caister Academic Press. https://doi.org/10.21775/9781910190197

Wacher, C., Díaz-Ruiz, G. y Tamang, J. P. (2010). Fermented vegetable products. En J. P. Tamang & K. Kailasapathy (Eds.), *Fermented foods and beverages of the world* (pp. 149–190). CRC Press. https://doi.org/10.1201/9781420094961

Wu, R., Sun, Z., Wu, J., Meng, H. y Zhang, H. (2010). Effect of bile salts stress on protein synthesis of Lactobacillus casei Zhang revealed by 2-dimensional gel electrophoresis. *Journal of Dairy Science, 93*(9), 3858–3868. https://doi.org/10.3168/jds.2009-2812

Wu, H., Xie, S., Miao, J., Li, Y., Wang, Z., Wang, M. y Yu, Q. (2020). Lactobacillus reuteri maintains intestinal epithelial regeneration and repairs damaged intestinal mucosa. *Gut Microbes, 11*(4), 997–1014. https://doi.org/10.1080/19490976.2020.1712983

Xiao, M., Xu, P., Zhao, J., Wang, Z., Zuo, F., Zhang, J., Ren, F., Li, P., Chen, S. y Ma, H. (2011). Oxidative stress-related responses of Bifidobacterium longum subsp. longum BBMN68 at the proteomic level after exposure to oxygen. *Microbiology, 157*(6), 1573–1588. https://doi.org/10.1099/mic.0.047555-0

Yilmaz, B., Bangar, S. P., Echegaray, N., Suri, S., Tomasevic, I., Lorenzo, J. M. y Ozogul, F. (2022). The impacts of Lactiplantibacillus plantarum on the functional properties of fermented foods: A review of current knowledge. *Microorganisms, 10*(4), 826. https://doi.org/10.3390/microorganisms10040826

87

Yu, Z., Zhang, X., Li, S., Li, C., Li, D. y Yang, Z. (2013). Evaluation of probiotic properties of Lactobacillus plantarum strains isolated from Chinese sauerkraut. *World Journal of Microbiology and Biotechnology, 29*(3), 489–498. https://doi.org/10.1007/s11274-012-1191-3

Zhang, J., Zhao, X., Jiang, Y., Zhao, W., Guo, T., Cao, Y., Teng, J., Hao, X., Zhao, J. y Yang, Z. (2017). Antioxidant status and gut microbiota change in an aging mouse model as influenced by exopolysaccharide produced by Lactobacillus plantarum YW11 isolated from Tibetan kefir. *Journal of Dairy Science, 100*(8), 6025–6041. https://doi.org/10.3168/jds.2016-12359

Zheng, J., Wittouck, S., Salvetti, E., Franz, C. M. A. P., Harris, H. M. B., Mattarelli, P., O'Toole, P. W., Pot, B., Vandamme, P., Walter, J., Watanabe, K., Wuyts, S., Felis, G. E., Gänzle, M. G. y Lebeer, S. (2020). A taxonomic note on the genus Lactobacillus: Description of 23 novel genera, emended description of the genus Lactobacillus Beijerinck 1901, and union of Lactobacillaceae and Leuconostocaceae. *International Journal of Systematic and Evolutionary Microbiology, 70*(4), 2782–2858. https://doi.org/10.1099/ijsem.0.004107

Preguntas de autoevaluación

1. ¿Cuál es la diferencia entre las ciencias ómicas y las metaómicas?
   A   El análisis de datos realizados.
   B   El número de individuos estudiados.
   C   El tipo de técnica utilizada para el estudio.

2. ¿Qué son los probióticos de precisión?
   A   Probióticos caracterizados mediante análisis multiómicos.
   B   Probióticos usados en nutrición de precisión.
   C   Probióticos con funciones precisas para el organismo.

3. El proteoma, a diferencia del genoma de un individuo, es:
   A   Dinámico.
   B   Estático.
   C   Ambas son correctas.

4. ¿Qué ventaja encontramos en la separación de proteínas sin el uso de geles o espectrometría MS/MS con respecto al método de electroforesis en gel bidimensional 2DE/MS?
   A   Disminuye el coste de la técnica.
   B   Se reduce el tiempo necesario para el estudio.
   C   Se detectan proteínas producidas en muy baja concentración.

5. Definimos proteoma total como:
   Respuesta: Conjunto total de proteínas celulares en una fase de crecimiento definida bajo condiciones fisiológicas determinadas.

6. Las pruebas fenotípicas más usadas para el cribado de los probióticos son:
   Respuesta: La resistencia a los ácidos y la tolerancia a las sales biliares.

7. La electroforesis bidimensional 2DE consiste en:
   A   La separación de proteínas en dos dimensiones: punto isoeléctrico y peso molecular.
   B   Separación de proteínas en dos estados fisiológicos distintos.
   C   Ambas son correctas.

8. ¿A qué nos referimos cuando hablamos de subproteomas?
   A   Proteínas expresadas en baja concentración.
   B   Proteínas de una fracción celular tales como la pared celular o superficie celular entre otras.
   C   Proteínas modificadas.

9. Para determinar los mecanismos implicados en la interacción y la adhesión de los lactobacilos probióticos a la mucosa intestinal del hospedador, ¿qué subproteoma estudiaríamos?
   A   Subproteoma de la pared celular.
   B   Exoproteoma.
   C   Ambas son incorrectas.

10. El análisis proteómico de vesícula de membrana extracelular (MV) de los lactobacilos probióticos es una herramienta útil para:
    A   Estudiar la capacidad de adhesión.
    B   Estudiar la resistencia al pH ácido y sales biliares.
    C   Estudiar las interacciones entre bacterias, así como entre bacterias y el hospedador.

Respuestas correctas
1B, 2A, 3A, 4C, 7A, 8B, 9A, 10C

Competencias

1. Conocer la importancia del uso de las técnicas ómicas y metaómicas para la caracterización de microorganismos probióticos.
2. Identificar las diferencias y ventajas que conlleva el estudio proteómico con respecto a las técnicas genómicas.
3. Saber las principales técnicas proteómicas utilizadas en la actualidad.
4. Entender la aplicación las técnicas proteómicas en la determinación de biomarcadores de probiosis en los lactobacilos.

RESUMEN

La biología de sistemas es una disciplina que se define como "el estudio de un organismo o sistema biológico, visto como un sistema integrado e interrelacionado de genes, proteínas y reacciones bioquímicas, que da lugar a procesos biológicos". Esta evolución desde el estudio de componentes individuales al análisis masivo (genómica, transcriptómica, proteómica, etc.), tiene como objetivo obtener información integrada de los diferentes procesos biológicos y de sus alteraciones (enfermedades).

En este contexto, la proteómica ha demostrado ser una disciplina eficaz en el campo de la fisiopatología. De esta forma, empleando aproximaciones proteómicas se han establecido perfiles moleculares alterados causantes de muchos tipos de cáncer. Estas alteraciones fisiopatológicas han dado lugar al descubrimiento de nuevos marcadores de diagnóstico, pronóstico y terapéuticos. En resumen, el empleo de plataformas de trabajo proteómicas junto con el desarrollo de modelos preclínicos (*in vitro* e *in vivo*), se está implantando como una metodología eficaz en la búsqueda de soluciones terapéuticas que, junto con los análisis genómicos, está dando lugar a novedosos métodos de análisis que desembocan en ensayos clínicos de fase I.

PALABRAS CLAVE: *proteómica, cáncer, espectrometría de masas, biomarcadores, investigación clínica.*

ABSTRACT

Systems biology is a discipline that can be defined as "the study of an organism or biological system, composed by an integrated and interrelated system of genes, proteins, and biochemical reactions, which gives rise to biological processes". This evolution from the study of individual components to massive analysis (genomics, transcriptomics, proteomics, etc.) aims to obtain integrated information on the different biological processes and their alterations (diseases).

In this context, proteomics has proven to be an effective discipline in the field of physiopathology. Thus, using proteomic approaches, molecular profiles have been established and new markers have been discovered for the diagnosis, prognosis, and therapy of several types of cancer. In sum, the use of proteomic work platforms together with the development of preclinical tests (in vitro and in vivo) is being established as an effective methodology for finding therapeutic solutions. This strategy, together with genomic analyses, is leading to novel methods of analysis and to phase I clinical trials.

KEYWORDS: *proteomics, cancer, mass spectrometry, biomarkers, clinical research.*

ABREVIATURAS

OMS   Organización Mundial de la Salud
ADN   ácido desoxirribonucleico
ARNm   ácido ribonucleico mensajero
MAT   microambiente tumoral
TEM   transición epitelio-mesénquima
AP   anatomía patológica
MS/MS   espectrometría de masas en tándem
HPLC   cromatografía líquida de alta eficacia
TCA   ácido tricloroacético
PAGE   electroforesis en gel de poliacrilamida
SDS-PAGE electroforesis en gel de poliacrilamida con dodecil sulfato sódico
1-DE   unidimensional
2-DE   bidimensional
2D-DIGE   electroforesis bidimensional en gel diferencial

ESI   ionización por electroespray
MALDI   desorción/ionización láser asistida por matriz
MPT: modificaciones postraduccionales
TOF   tiempo de vuelo
m/z   masa / carga
ICAT   etiqueta de afinidad codificada por isótopos
iTRAQ   etiquetas isobáricas para cuantificación relativa y absoluta
DDA   adquisición dependiente de datos
DIA   adquisición independiente de datos
SWATH-MS   ventana de adquisición secuencial de espectros de masas teóricos
FC   Fold Change
PCA   análisis de componentes principales
CRO   organización de investigación por contrato

04
LA PROTEÓMICA EN LA INVESTIGACIÓN DEL CÁNCER

1 GE09 Investigación
   en cirugía oncológica
   peritoneal y retroperitoneal
   - Instituto Maimónides de
   Investigación Biomédica
   de Córdoba (IMIBIC)
2 Departamento de
   Bioquímica y Biología
   Molecular de la
   Universidad de Córdoba
3 Unidad de Cirugía
   Oncológica, Hospital
   Universitario Reina Sofía
   de Córdoba
4 Unidad de Patología,
   Hospital Universitario
   Reina Sofía de Córdoba.
* Autor de Correspondencia:
   Antonio Romero Ruiz
   (b72rorua@uco.es). ORCID:
   0000-0002-7651-9402

Florina Iulia Bura[1,2]
Mari C. Vázquez-Borrego[1,2]
Melissa Granados Rodríguez[1,2]
Blanca Rufián-Andújar[1,3]
Francisca Valenzuela-Molina[1,3]
Lidia Rodríguez-Ortiz[1,3]
Ana Martínez-López[1,4]
Carmen Michán[1,2]
José Alhama[1,2]
Álvaro Arjona-Sánchez[1,3]
Antonio Romero-Ruiz[1,2]

91

1 INTRODUCCIÓN

El proceso de desarrollo de un ser vivo es altamente complejo y está sometido a continuos cambios dependientes de factores genéticos, ambientales o epigenéticos. Sin embargo, el genoma, o conjunto de genes de un individuo, está preestablecido desde el inicio de su desarrollo embrionario y no sufre cambios drásticos a lo largo de su existencia, considerándose por tanto estático. Sin embargo, las proteínas, productos finales de dicho componente estático, sí muestran estas variaciones ambientales y/o epigenéticas y por lo tanto son altamente variables a lo largo del tiempo (Gallegos-Pérez, 2009). Es por esto por lo que la proteómica, entendida como la ciencia que estudia el conjunto de proteínas expresadas de un individuo atendiendo a sus funciones, modificaciones, interacciones y estructura, es una aproximación eficaz para identificar de forma dinámica el estado fisiológico y/o patológico del organismo.

Tradicionalmente, el estudio de los genes y las alteraciones (mutaciones, deleciones, etc.) que estos pudieran sufrir, ha servido para caracterizar y, por ende, diagnosticar diferentes patologías. Sin embargo, existen numerosos casos en los que la desregulación que da lugar a un estado patológico ocurre a nivel postrascripcional o postrasduccional y no a nivel de genoma. Por otro lado, aunque en el genoma humano existan más de 20.000 genes que codifican proteínas, la estimación del número de proteínas totales, traducidas a partir de dichos genes, supera las 500.000 proteínas (Gallegos-Pérez, 2009; Nurk *et al.*, 2022; Piovesan *et al.*, 2019). En definitiva, el complejo entramado de rutas de señalización, así como el elevado número de interacciones entre estas moléculas, necesita de alta tecnología que permita detectar alteraciones que puedan ser origen del desarrollo de una patología (Bodzon-Kulakowska *et al.*, 2007).

El avance en la tecnología está permitiendo que la rama proteómica de la biología de sistemas abarque en detalle la secuencia de todas las proteínas, incluidas las modificaciones que pudiesen sufrir, así como su abundancia o las interacciones que pueden establecer, permitiendo encontrar dianas terapéuticas frente a un gran número de enfermedades, entre ellas el cáncer, y desarrollar tratamientos dirigidos y eficaces (Catherman *et al.*, 2014). En este capítulo se describe en detalle todo este proceso.

2 CARACTERIZACIÓN MOLECULAR

Según la Organización Mundial de la Salud (OMS), se define cáncer como "el conjunto de enfermedades que se pueden originar en casi cualquier órgano o tejido del cuerpo cuando células anormales crecen de forma descontrolada formando tumores. Estos sobrepasan sus límites habituales e invaden partes adyacentes del cuerpo y/o se propagan a otros órganos". Este último proceso se denomina «metástasis», y es una importante causa de defunción por cáncer. Otros términos comunes para designar el cáncer son «neoplasia» y «tumor maligno».

El cáncer suele tener su origen en la aparición de alteraciones no letales en el material genético celular que aparecen a partir de modificaciones genéticas (hereditarias o espontáneas) y epigenéticas (radiación, productos químicos, virus...). Dichas modificaciones pueden ocurrir en protooncogenes, genes supresores de tumores, genes relacionados con la reparación del ADN, relacionados con la apoptosis celular o con la evasión del sistema inmunitario de las células (Kennelly *et al.*, 2023) , y todas ellas se van a ver reflejadas en el proteoma del individuo ya sea por un incremento o por una reducción en las tasas de traducción de ARNm a proteína (Bodzon-Kulakowska *et al.*, 2007). En este sentido, cualquier célula del organismo puede sufrir estas mutaciones y proliferar sin control, dando lugar a un tumor, que puede ser benigno o maligno. En el primer caso, el crecimiento anormal celular puede producirse tanto en tamaño (hipertrofia) como en número (hiperplasia), pero ocurren en el mismo sitio de origen, sin invadir tejidos circundantes ni diseminar a otros órganos; mientras que en el caso de un tumor maligno, se puede producir hipertrofia e hiperplasia junto con displasia (cambios anormales en la morfología y tamaño celular) siendo capaz de invadir tejido sano circundante, y, en ocasiones, generar metástasis por migrar a otros órganos a través del torrente sanguíneo o por el sistema linfático (Cooper, 2000). Así, una célula de un tejido que muta y prolifera pasa a llamarse célula madre cancerosa, que desarrolla mecanismos para evadir las señales apoptóticas y supresoras del crecimiento, activando mecanismos de invasión, metástasis y angiogénesis, y habilitando rutas de inmortalidad replicativa. Adicionalmente, desregulan rutas metabólicas, inhiben la acción del sistema inmune y generan aún más instabilidad genómica (Hanahan y Weinberg, 2011) . Eventualmente, una de esas células generadas por la célula madre cancerosa vuelve a sufrir una mutación adicional a la ya existente debido a la inestabilidad genética mencionada, generando otra subpoblación o clon de células tumorales, pero con características diferentes. La coexistencia de poblaciones o clones celulares diferentes, con células madre cancerosas presentando diferentes genotipos y fenotipos, hace muy complejo el desarrollo de tratamientos eficaces. Esto se debe a que, aunque las células cancerosas no madre se erradican con más facilidad por medio de los tratamientos aplicados a los pacientes oncológicos por ser más sensibles que las células madre cancerosas, estas últimas pueden desarrollar resistencia a los quimio y radioterápicos, por lo que no se eliminan, sino que se refuerza la población o el clon de células cancerosas más resistentes, dando lugar a recaídas y grados tumorales más avanzados y agresivos. (Cooper, 2000; Hernández-Camarero *et al.*, 2018; Jacob *et al.*, s. f.). Otros aspectos que cobran importancia en el desarrollo, mantenimiento y modulación de tumores malignos son el microambiente tumoral (MAT) y la transición epitelio-mesénquima (TEM). En este sentido, debido al MAT y a la TEM, se hace posible la plasticidad que adquieren las células madre tumorales para poder diferenciarse y desdiferenciarse. Desde el punto de vista del MAT, destaca la presencia de células asociadas al tumor (del sistema inmunitario, células madre mesenquimales, fibroblastos...) así como factores solubles de crecimiento que modulan

93

el comportamiento del tejido tumoral, y una red vascular y linfática que facilita el aporte de nutrientes a las células tumorales o la diseminación de estas a otras localizaciones del cuerpo. Por otro lado, la TEM se produce debido a la existencia de ese MAT en el entorno del tumor con la presencia de las células madre mesenquimales y los fibroblastos asociados a cáncer que secretan moléculas capaces de activar mecanismos de diferenciación en células cancerígenas no madre para adquirir fenotipos de células madre cancerígenas (Hernández-Camarero *et al.*, 2018; Kennelly *et al.*, 2023).

La clasificación del cáncer es un reto debido a la multitud de tipos diferentes. Una forma didáctica de clasificación se consigue atendiendo al tipo celular que lo origina. De esta manera se diferencian tres categorías generales: carcinomas, sarcomas y leucemias o linfomas. Los carcinomas son aquellos tumores que se originan a partir de células epiteliales, suponiendo el mayor porcentaje de cánceres diagnosticados; los sarcomas provienen de alteraciones en tejidos conectivos; y las leucemias y linfomas son aquellos tumores generados a partir de células sanguíneas y células del sistema inmunitario respectivamente (Cooper, 2000). Adicionalmente, dentro de una misma categoría de cáncer, originado en un tejido concreto, pueden existir diferentes subtipos y/o grados. Con el fin de acotar lo máximo posible la tipología tumoral, para dar un diagnóstico concreto y un tratamiento adecuado y efectivo, se llevan a cabo clasificaciones histológicas en base a la celularidad y morfología tumoral y a la capacidad celular proliferativa, así como clasificaciones moleculares (genómica y proteómica) (Hernández-Camarero *et al.*, 2018).

Aunque el abordaje es similar para cada tipo de cáncer, debido a la experiencia de los autores de este capítulo en el diagnóstico, tratamiento e investigación en carcinomas producidos en la cavidad peritoneal, los ejemplos prácticos descritos más adelante harán referencia a un subtipo de tumor maligno llamado Pseudomixoma peritoneal de origen apendicular u ovárico, encuadrado dentro de las carcinomatosis peritoneales (Arjona-Sánchez *et al.*, 2019, 2021, 2023; Arjona-Sánchez, 2021; Coccolini, 2013).

En la actualidad, la identificación y diagnóstico de algunos tipos de cáncer se lleva a cabo mediante protocolos estandarizados; sin embargo, existen muchos subtipos que están emergiendo, o bien tipos de cáncer raros, en los que esto no ocurre. En estos casos, el avance de nuevas técnicas analíticas, capaces de detectar cada vez con más precisión la expresión o secreción diferencial de diversas biomoléculas por parte de las células tumorales, está permitiendo detectar nuevos biomarcadores de cribado y diagnóstico (Jacob *et al.*, s. f., p. 56). Es en este contexto que el desarrollo de aproximaciones proteómicas como herramientas en la investigación oncológica permite no solo diagnosticar empleando biomarcadores tumorales ya conocidos, sino descubrir nuevos biomarcadores de diagnóstico, pronóstico e, incluso, definir dianas terapéuticas que permitirán desarrollar estrategias de tratamiento más personalizadas y eficaces.

Un flujo de trabajo estándar basado en aproximaciones proteómicas consta de la obtención de las muestras procedentes de tumores, su

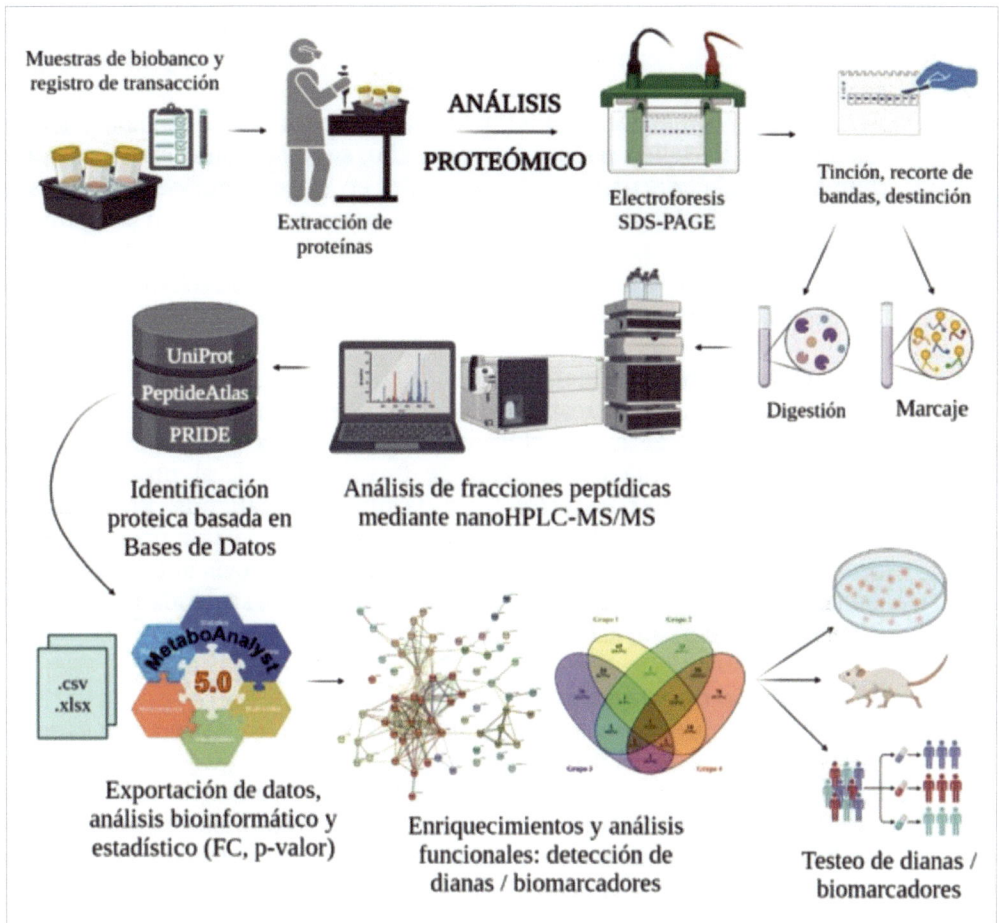

FIGURA 1.
Flujo de trabajo en el análisis proteómico de muestras procedentes de pacientes con cáncer. Creada con *BioRender.com*

procesamiento para la obtención de las proteínas, seguido del análisis proteico cuantitativo no sesgado y el consiguiente análisis e interpretación de los datos obtenidos (Al-Amrani *et al.*, 2021).

2.1 Obtención y gestión de muestras biológicas

La investigación oncológica, como cualquier área de la ciencia, debe estar motivada y fundamentada en hipótesis, que serán aceptadas o rechazadas en función de los resultados obtenidos tras aplicar el método científico (Otzen *et al.*, 2017). Las preguntas que surgen sobre un tema concreto, como por ejemplo sobre la génesis de un tipo de cáncer determinado, deben tener un objetivo global, que podrá ser alcanzado estableciendo varios objetivos específicos. En este punto, es crucial diseñar un protocolo experimental

95

teniendo en cuenta los procedimientos normalizados de trabajo relativos al tratamiento de las muestras a usar, así como los análisis y estudios que se van a realizar posteriormente.

Para comenzar con el protocolo experimental se coleccionan las muestras de tejido necesarias; para ello, se debe poner en marcha un flujo de trabajo adecuadamente detallado, en el que intervienen diversos elementos perfectamente establecidos, tal como se muestra en la figura 1 y se describe a continuación (Mager *et al.*, 2007), siguiendo las normas básicas de seguridad para el trabajo con material biológico y reactivos peligrosos (Centers for Disease Control and Prevention, 2011; Stauffer *et al.*, 2018).

2.1.1 Obtención de muestras

En este capítulo, las muestras biológicas a las que se hacen referencia proceden de pacientes oncológicos diagnosticados con carcinomatosis peritoneal y sometidos a cirugía. De forma general, el procedimiento descrito será válido para otros tipos de tumores malignos. En todos los casos, la obtención de la muestra debe ser realizada por un equipo de profesionales clínicos especializados en la materia, previa autorización del paciente, en un ambiente estéril y con las medidas de seguridad adecuadas (Vaught y Henderson, s. f.).

2.1.2 Gestión de muestras

Las muestras procedentes de pacientes con cáncer suelen ser sangre, heces y biopsias de los distintos tipos de tejidos tumorales extraídos. Tras ser obtenidas, las muestras son transportadas en recipientes estériles y en frío (Vaught y Henderson, s. f.), al servicio de Anatomía Patológica (AP) del hospital, que conservará el tejido necesario para realizar los análisis requeridos para el diagnóstico del paciente. Por otro lado, la cantidad excedente de muestra es cedida (siempre que se haya descrito un proyecto de investigación asociado y que esté aprobado por el comité de ética del hospital) a un biobanco integrado dentro del Registro Nacional de Biobancos (in den Bäumen *et al.*, 2010; *Registro Nacional de Biobancos*, s. f.). En ellos, las muestras deben quedar registradas cumpliendo con la legislación vigente acerca de la protección de datos personales (Drepper, 2019; in den Bäumen *et al.*, 2010; Zika *et al.*, 2008), asegurando que los pacientes han sido informados sobre el tratamiento de sus muestras y datos mediante la firma de la hoja de información al paciente y el consentimiento informado (BOE, s. f.). En los biobancos, las muestras deben incluirse en crio-viales debidamente etiquetados y anonimizados, manteniendo la cadena de frío en todo momento, prestando especial atención al correcto funcionamiento de los congeladores donde se almacenarán para evitar fluctuaciones de temperatura (Bodzon-Kulakowska *et al.*, 2007; Cañas *et al.*, 2007; Mager *et al.*, 2007; Redrup *et al.*, 2016; Vaught y Henderson, s. f.). Finalmente, el equipo investigador puede acceder a las muestras tras la cumplimentación de la documentación necesaria para realizar la transacción de dichos biorrecursos y disponer de ellas en el laboratorio (Figura 2).

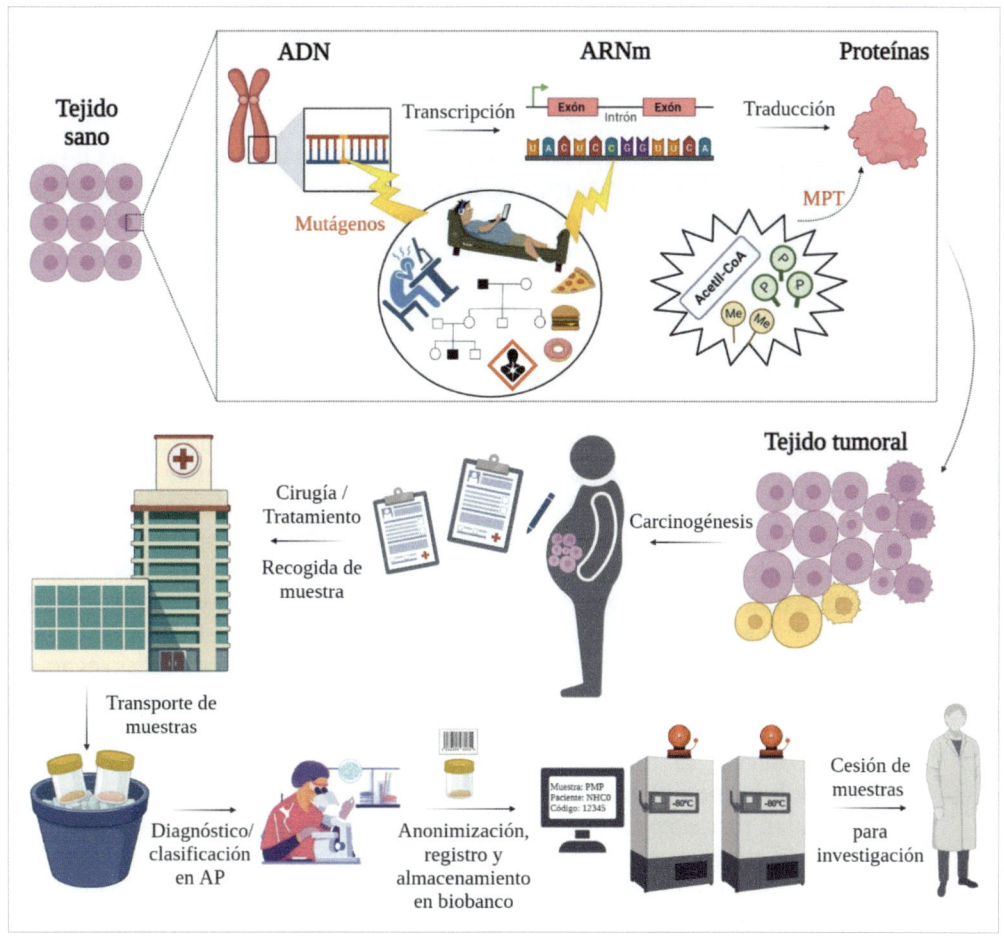

Figura 2.
Esquema de transformación de un tejido sano en tumoral y el procedimiento estándar de almacenamiento para su posterior estudio molecular. Creada con *BioRender.com*

2   EXTRACCIÓN DE BIOMOLÉCULAS DE INTERÉS: LAS PROTEÍNAS

2.2   Extracción de biomoléculas de interés: las proteínas

Una vez en el laboratorio de investigación molecular, las muestras se procesarán según el diseño experimental de cada proyecto de investigación y el tipo de biomolécula que se quiere estudiar. En este caso, dado que el objetivo del capítulo es emplear la proteómica como herramienta en la investigación de las bases fisiopatológicas del cáncer, se expondrán metodologías de extracción de proteínas partiendo de un tejido tumoral. Sin embargo, es importante tener en cuenta que, en cualquier caso, la preparación de las muestras dependerá de la aproximación proteómica que se desee emplear posteriormente para su análisis (Cañas *et al.*, 2007).

97

En el caso del estudio fisiopatológico no sesgado de enfermedades, el interés de usar la proteómica se encuentra en la obtención del perfil proteico completo de muestras procedentes de dicha patología para su posterior análisis y comparación respecto de un tejido sano (control). Así, la estrategia más adecuada en este caso es el uso de la cromatografía líquida (HPLC) acoplada a la espectrometría de masas en tándem (MS/MS). Ambas técnicas se explicarán en puntos posteriores.

Para comenzar con el procesamiento de las muestras de tejido tumoral hay que tener en cuenta que se debe trabajar en frío, manteniéndolas el mayor tiempo posible en hielo, con el fin de evitar la degradación proteica. De esta forma, se reduce uno de los factores (la variación de temperatura) que puede favorecer la variabilidad del ensayo (Cañas et al., 2007). Otro factor importante es la alta diversidad de proteínas presentes en una muestra biológica, así como la variedad de características físico-químicas que estas presentan, o su localización celular (Cañas et al., 2007). Por este motivo, diseñar un protocolo de extracción proteica lo más adaptado posible marcará la diferencia entre una extracción con un alto rendimiento, donde se encontrarán la mayoría de las proteínas de interés, frente a una extracción en la que la fracción proteica no es representativa de la patología. El factor más importante en el diseño de este protocolo será el tampón y el procedimiento de rotura que se usará para la disgregación del tejido, la lisis celular y la disolución de las proteínas. Los factores a controlar son el pH, la fuerza iónica, el uso de inhibidores de proteasas para preservar la integridad de las proteínas y otros reactivos (como detergentes, quelantes de metales, agentes reductores, etc.) que mejoren la solubilidad proteica y la preservación de las mismas (Peach et al., 2015).

El tejido que conforma la muestra, tras ser descongelado y lavado con PBS, debe ser disgregado o roto en pequeños trozos empleando bisturí o tijeras. Posteriormente, se lisan las células que forman los pequeños trozos de tejido. Los procedimientos de lisis celular deben ser compatibles con las técnicas de análisis posteriores, pudiendo elegir entre métodos físicos (choque osmótico, homogeneización manual empleando homogenizadores Potter-Elvehjem o Dounce, homogeneización mecánica empleando Ultra-Turrax, sonicación, ciclos de congelación/descongelación o nitrógeno líquido seguido de molienda manual en mortero o pulverización de la muestra empleando trituradores criogénicos como el Freezer Mill); o métodos químicos (detergentes iónicos desnaturalizantes, no iónicos o enzimas) (Bodzon-Kulakowska et al., 2007; Cañas et al., 2007). Es importante tener en cuenta que, durante el proceso de lisis, las proteínas que se liberan pueden interaccionar entre sí estableciendo enlaces, que en ocasiones son difíciles de romper. Para evitarlo se pueden utilizar agentes caotrópicos (desnaturalizantes), siempre que la desnaturalización de las proteínas no sea un factor limitante para los estudios posteriores.

El siguiente paso en el protocolo de extracción de proteínas, dependerá de la fracción proteica de interés. En caso de que se vaya a estudiar la fracción total de proteínas se pasa directamente al centrifugado y filtración del homogenado; si por el contrario, la proteína, o el grupo de proteínas de interés, se localizan específicamente en algún orgánulo celular o en la membrana plasmática, se procede a realizar un protocolo de fraccionamiento subcelular empleando centrifugación diferencial, con el fin de disminuir la complejidad de la muestra (Cox y Emili, 2006). Otros factores a tener en cuenta respecto a la pureza del extracto, que pueden interferir con las proteínas, son la presencia de sales, que pueden ser eliminadas por medio de la precipitación proteica con ácido tricloroacético (TCA) o TCA/acetona y los ácidos nucleicos, que pueden aumentar la viscosidad del extracto, y se eliminan con TCA o TCA/acetona, con ultracentrifugación o con nucleasas libres de proteasas (Cañas *et al.*, 2007). En el caso particular de tejidos con alta concentración de algún tipo de proteínas, por ejemplo las albúminas en plasma o las glicoproteínas en la mucosa intestinal, estas deben ser disminuidas para tener acceso al resto de proteínas. Este procedimiento recibe el nombre de depleción. Por el contrario, si se necesita enriquecer el extracto en proteínas de muy baja concentración, pueden emplearse técnicas separativas como la cromatografía de afinidad, con el fin de retenerlas (Millioni *et al.*, 2011).

Los extractos obtenidos son almacenados a -80°C, en pequeñas alícuotas, hasta su uso para posteriores análisis. El motivo por el que es importante alicuotar los extractos antes de almacenarlos en el congelador es para evitar someterlos a múltiples ciclos de congelación/descongelación arriesgándonos a que se produzca degradación proteica.

Finalmente, antes de proceder a realizar los análisis de identificación de proteínas, se debe cuantificar la cantidad de proteína total en cada uno de los extractos proteicos. Para ello se emplean métodos que se basan en técnicas espetrofotométricas. En este sentido, la cuantificación se obtiene a partir de los cambios de absorbancia de un reactivo al unirse a la proteína, como el reactivo de Bradford. Actualmente, además de los métodos tradicionales de cuantificación, existen multitud de kits comerciales (Cañas *et al.*, 2007).

2.3 Análisis proteico cuantitativo no sesgado

El siguiente paso en el flujo de trabajo de la proteómica en general es el empleo de una serie de técnicas para obtener el perfil proteico del tejido en estudio. Así, los progresos en las técnicas separativas junto con la mejora en la instrumentación de técnicas analíticas han hecho posible el análisis a gran escala de una mezcla compleja de proteínas presentes en extractos obtenidos de muestras de tejido. Otro hito que ha hecho posible el rápido desarrollo de esta ciencia ha sido el perfeccionamiento de las herramientas bioinformáticas junto con las bases de datos existentes de proteínas y ácidos nucleicos (Cañas *et al.*, 2007).

De esta forma, se puede distinguir entre la proteómica de primera generación y la proteómica de segunda generación, que no son mutuamente excluyentes, sino que se complementan para ofrecer metodologías y resultados más potentes.

99

2.3.1 Proteómica de primera generación

Tradicionalmente, las técnicas proteómicas más empleadas se han basado en la separación en gel o mediante cromatografía. De las técnicas de separación en gel destacan las variantes de la electroforesis en gel de poliacrilamida (PAGE) en condiciones nativas y la PAGE en condiciones desnaturalizantes (SDS-PAGE), diferenciando entre electroforesis en una dimensión (1-DE) y electroforesis bidimensional (2-DE); mientras que de las técnicas cromatográficas, las más usadas son la cromatografía de afinidad, de intercambio iónico y exclusión por tamaño (Al-Amrani *et al.*, 2021). Desde el punto de vista de la proteómica clásica, la electroforesis 2-DE es más empleada que la 1-DE ya que ofrece más información gracias a la combinación de 2 técnicas electroforéticas, como son la separación proteica basada en el punto isoeléctrico de las proteínas y la separación en función del peso molecular de estas biomoléculas (Cañas *et al.*, 2007; Yates, 2013).

La electroforesis bidimensional diferencial en gel (2D-DIGE), permite comparar proteomas de diferentes muestras (por ejemplo, tejido sano vs enfermo) gracias al uso de distintos marcajes fluorescentes (Minden, 2012). En este caso, la cuantificación se produce gracias a la fluorescencia obtenida tras la separación de las proteínas en el propio gel a nivel de la banda correspondiente, sin necesitar identificación previa; sin embargo, la posterior identificación solo es posible de forma individual y para proteínas con diferente expresión (Ercan *et al.*, 2023). Otra limitación que presenta el uso exclusivo de la 2D-DIGE es que no es capaz de separar eficientemente proteínas de un tamaño inferior a 10kDa, superior a 150kDa o proteínas poco abundantes en los extractos (Cañas *et al.*, 2007).

La proteómica de segunda generación se desarrolla a partir de la de primera generación y en respuesta a las limitaciones de esta (Alharbi, 2020).

2.3.2 Proteómica de segunda generación

Con el fin de poder identificar y secuenciar de forma masiva las proteínas que intervienen en procesos celulares en condiciones normales así como las alteraciones en su expresión, las modificaciones postraduccionales que sufren y la repercusión que presentan dichas alteraciones sobre los procesos metabólicos celulares, es necesario complementar las técnicas proteómicas convencionales o de primera generación con técnicas experimentales con mayor capacidad de análisis, como puede ser la MS o MS/MS (Gallegos-Pérez, 2009; Yates, 2013).

Teniendo en cuenta que los extractos de proteínas son muy heterogéneos, es aconsejable realizar una separación previa que simplifique el análisis (Cañas *et al.*, 2007). Así, la proteómica de segunda generación emplea equipos de cromatografía líquida de alta resolución acoplados a los equipos de MS (Cañas *et al.*, 2007), cuya evolución, y empleo en proteómica, ha sido exponencial debido a las continuas mejoras en los equipos analíticos e informáticos que la conforman. Tras el paso por la cromatografía líquida, la muestra pasa al espectrómetro de masas, donde debe ser ionizada antes de pasar al analizador. Como técnicas de ionización destaca el electroespray (ESI) y la desorción/ionización láser asistida por matriz (MALDI), dado que este tipo de ionización consigue convertir las proteínas en iones intactos sin que ocurra ninguna fragmentación o descomposición de los mismos, para posteriormente ser transmitidos a los analizadores, donde estos iones son separados en función de su relación masa-carga (m/z) (Bodzon-Kulakowska *et al.*, 2007; Cañas *et al.*, 2007; Gallegos-Pérez, 2009). El empleo de una técnica de ionización u otra dependerá del tratamiento previo al que se haya sometido la muestra ya que, por ejemplo, MALDI tolera más concentración de sales que ESI (Bodzon-Kulakowska *et al.*, 2007; Pandeswari y Sabareesh, 2019). Los analizadores más empleados son las trampas iónicas, tiempo de vuelo (TOF), cuadrupolos u Orbitrap. El avance en la instrumentación científica ha permitido crear equipos donde se acoplen varios de estos elementos para poder obtener una mejor separación y posterior identificación de las proteínas de las muestras. Finalmente, los iones separados y analizados en función de su m/z llegan a los detectores acoplados al espectrómetro, donde quedan registrados en el sistema informático dando como resultado un espectro característico, cuyos datos deben ser tratados y analizados posteriormente (Cañas *et al.*, 2007; Gallegos-Pérez, 2009; Pandeswari y Sabareesh, 2019).

Es evidente que el uso de MS para el estudio de alto rendimiento de proteínas en matrices complejas proporciona una elevada cantidad de información (Xiao *et al.*, 2021). Sin embargo, su análisis posterior varía en función del objetivo del estudio, pudiendo distinguirse diversas aproximaciones en función de los siguientes factores:

Integridad de las proteínas
Previo al análisis de las proteínas de los extractos obtenidos empleando MS de alto rendimiento a gran escala, pueden realizarse, o no, tratamientos de digestión de las proteínas en función del objetivo del estudio pudiendo diferenciarse entre proteómica *top-down, bottom-up* y *middle-down*.

Proteómica "top-down": emplea las proteínas intactas para su identificación y cuantificación. De esta forma, las proteínas que se analizan son todas las presentes en el extracto, en su estado nativo, presentando pesos moleculares muy variados. Este es el tipo de aproximación más útil en el caso de la detección de isoformas y/o modificaciones postraduccionales (Alexovič *et al.*, 2021; Catherman *et al.*, 2014; Pandeswari y Sabareesh, 2019).

Proteómica "bottom-up": previo al análisis mediante MS/MS, se realiza una digestión enzimática o química generando fragmentos peptídicos de 7 – 20 aminoácidos, correspondiendo a pesos moleculares de 0,8 – 3 kDa. Sin embargo, este tipo de aproximación presenta algunos inconvenientes que deben ser resueltos y asumidos en el momento del estudio (Alexovič *et al.*, 2021; Pandeswari y Sabareesh, 2019). En la digestión enzimática puede emplearse

101

tripsina, que presenta la ventaja de generar fragmentos peptídicos de tamaños aproximadamente iguales (Cañas *et al.*, 2007). Un inconveniente que surge de esta metodología es la gran heterogeneidad de proteínas presentes en los extractos proteicos y el elevado número de fragmentos proteicos de pequeño tamaño que se producen tras la digestión. Así, existe el riesgo de ser indetectables además de complicar la posterior reestructuración proteica tras la detección de todos los fragmentos obtenidos. Debido a la necesidad de superar estas dificultades, se ha implementado el uso de un método separativo previo al análisis mediante MS (Pandeswari y Sabareesh, 2019; Yates, 2013). Estas técnicas separativas suelen ser columnas cromatográficas (HPLC, nanoHPLC...), para conseguir reducir la complejidad de las muestras, así como una mejor resolución e identificación de fragmentos peptídicos (Pandeswari y Sabareesh, 2019). Este tipo de aproximación es altamente empleada en el estudio proteómico de células tumorales, incluidos los adenocarcinomas (Bodzon-Kulakowska *et al.*, 2007).

Proteómica "middle-down": al igual que la proteómica descrita anteriormente, esta también se caracteriza por una digestión enzimática o química, aunque en este caso es más controlada y los fragmentos peptídicos generados presentan aproximadamente 25 aminoácidos, pudiendo resolver adecuadamente pesos moleculares de 2,5 – 10 kDa (Alexovič *et al.*, 2021; Pandeswari y Sabareesh, 2019).

Adicionalmente, en aquellas aproximaciones que requieren digestión, ya sea enzimática o química, esta puede realizarse (Cañas *et al.*, 2007):

• En gel de poliacrilamida (en caso de que se emplee como técnica separativa la electroforesis) utilizando posteriormente únicamente la banda de las proteínas de interés. Sin embargo, presenta algunos inconvenientes tales como que algunos enlaces peptídicos no están accesibles a la digestión debido a que están atrapados en el gel, y no todos los péptidos pueden difundir fuera del gel tras la digestión.

• En solución, introduciendo la enzima o el compuesto químico en un tampón. Con el fin de evitar variaciones, los extractos proteicos deben someterse a un paso previo de precipitación con acetona o TCA. Posteriormente, las proteínas deben resuspenderse en un tampón de bicarbonato amónico que contiene alguna sal caotrópica para desnaturalizar las proteínas, y finalmente se debe prevenir la renaturalización de las mismas por medio de la reducción o alquilación de los puentes disulfuro. Con el fin de parar la reacción, enzimática en este caso, se debe añadir un ácido, que baja el pH y desnaturaliza a la enzima.

• En columna, inmovilizando la enzima, dentro de la misma.

Una característica común en este tipo de aproximaciones de proteómica de segunda generación, a diferencia de lo que ocurría con las técnicas de proteómica de primera generación, es que es posible la identificación y cuantificación masiva de proteínas a partir de mezclas complejas. Para ello, una vez secuenciado cada fragmento de la digestión de toda la mezcla de proteínas, se hace una búsqueda de cada secuencia en la base de datos y se le asigna una proteína por homología. Así se hace con todos los fragmentos obtenidos, revelando todas las proteínas existentes en los extractos analizados. Una vez identificadas, esta aproximación permite además la cuantificación de todas ellas, lo que ofrece la posibilidad de detectar diferencias de expresión entre tejido tumoral y sano (Ercan *et al.*, 2023).

Marcaje de proteínas

En la proteómica de segunda generación, existen otras aproximaciones basadas en si se realiza, o no, algún tipo de marcaje sobre las proteínas o los fragmentos obtenidos en la proteómica *bottom-up* y *middle-down*, diferenciándose entre (Bodzon-Kulakowska *et al.*, 2007; Cañas *et al.*, 2007):

- *Sin marcaje*: este tipo de aproximación llamada *label free* es el más utilizado en la actualidad y permite la cuantización sin ningún tipo de alteración previa a la digestión de la mezcla de proteínas.
- *Marcaje químico*: se basa en la introducción de un marcaje isotópico usando compuestos químicos basados en afinidad (ICAT). Este tipo de marcaje se produce en varios pasos y únicamente en péptidos que contengan grupos -SH, con lo cual se introduce cierta variabilidad en los estudios. También se han desarrollado etiquetas isobáricas para cuantificación relativa y absoluta (iTRAQ), mediante las cuales se pueden analizar cuatro muestras simultáneamente ya que los fragmentos peptídicos se marcan con etiquetas isobáricas específicas de aminas que, tras la fragmentación inducida en el espectrómetro de masas, producen diferentes iones, considerados como marcadores, en el rango 114-117 *m/z*.
- *Marcaje metabólico*: está caracterizado por el marcaje de aminoácidos (generalmente Leu, Arg y Lys) con ^{12}C o ^{13}C. Sin embargo, este tipo de aproximación solo puede emplearse eficientemente en los casos en los que las muestras proceden de cultivos celulares obtenidos a partir de tejido tumoral, ya que dichos aminoácidos se incorporan al medio de cultivo.
- *Marcaje enzimático*: consiste en la introducción de átomos ^{18}O en el extremo C-terminal de los péptidos fragmentados.

2.4 Datos proteómicos

Una vez procesada la mezcla de proteínas a analizar (mediante digestión enzimática o química, y con marcaje o libre de marcaje), esta es introducida en el sistema nanoHPLC acoplado a MS/MS. De forma muy resumida, la mezcla de péptidos digeridos (fragmentos peptídicos) a partir de toda la muestra es separada por el sistema nanoHPLC y analizados uno a uno mediante MS/MS. El proceso comienza con la ionización de cada péptido en la fuente de ionización (ESI o MALDI), posteriormente en el primer analizador (MS) se detecta la masa de cada ion. Dicho ion pasa a una cámara de colisión donde es fragmentado mayoritariamente por el enlace peptídico en todos los tamaños posibles y de ahí pasa a un segundo analizador (MS/MS), donde se obtiene la secuencia de dicho ion precursor o péptido ionizado (Figura 3). Con esta secuencia, y mediante búsqueda por homología en bases de datos, se identifican todas las proteínas de la mezcla. Para la cuantificación, los datos obtenidos en todo este proceso pueden ser adquiridos de dos modos diferentes (Collins *et al.*, 2017; Pandeswari y Sabareesh, 2019):

- Adquisición dependiente de datos (DDA): se basa en las intensidades iónicas o abundancias de los iones precursores. En este caso no todos los iones (péptidos resultados de la digestión separados por nanoHPLC e ioninzados) son fragmentados en el segundo analizador (MS/MS), ya que solo se seleccionan los 'más intensos'.

- Adquisición independiente de datos (DIA): en este caso todos los iones, independientemente de sus abundancias relativas, están sujetos a fragmentación, por lo que los datos se adquieren independientemente de la intensidad o abundancia de los iones precursores. Dicho de otro modo, es en este tipo de adquisición de datos cuando todos los iones que alcanzan el analizador serán iones precursores. Dentro de este tipo de adquisición de datos es muy empleada la SWATH-MS, donde la adquisición se hace de forma secuencial y de todos los espectros de iones que se fragmentan dentro de una ventana de m/z definida por el usuario.

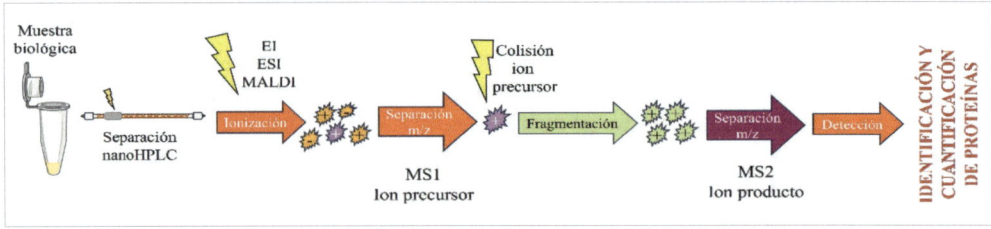

FIGURA 3.
Esquema de identificación y cuantificación de proteínas en una muestra compleja mediante nanoHPLC acoplado a espectrometría de masas en tándem.

En definitiva, los resultados derivados del análisis de los extractos proteicos obtenidos de las muestras tumorales mediante nanoHPLC-MS/MS para la identificación y cuantificación de las proteínas son esencialmente espectros de masas, donde cada espectro (que muestra mediante picos la intensidad obtenida para cada valor de *m/z* detectado) representa la secuencia de un péptido (originado a partir de la digestión de la mezcla compleja de proteínas). Posteriormente, dichos espectros, sus valores de *m/z* y sus intensidades, son cruzados con bases de datos, algoritmos y otros motores de búsqueda y librerías de espectros con el fin de identificar a qué proteína se corresponde cada uno de ellos y qué cantidad de esa proteína hay en la mezcla (Cecconi, 2021; Pandeswari y Sabareesh, 2019). Esto se produce gracias a que las masas experimentales medidas para cada ion precursor y sus fragmentos se comparan con valores de masa esperados de los iones precursores y fragmentos que se generan *in silico* y se predicen a partir de la base de datos de referencia. Cada asociación recibe una determinada puntuación, siendo la más alta la que se asocie a una proteína en concreto. Ejemplos de herramientas que se pueden emplear para realizar dichas asociaciones son: Uniprot, NCBI, Mascot, Sequest, PEAKS, OMSSA, PRIDE, OpenMS, Trans-Proteomic Pipeline (Alharbi, 2020; Pandeswari y Sabareesh, 2019; Reinders y Sickmann, 2009). Además, debido a que esto puede introducir cierto porcentaje de error en los resultados finales, todas las búsquedas centradas en bases de datos ofrecen la posibilidad de evaluar la Tasa de Falsos Descubrimientos (FDR) de los péptidos y proteínas identificadas, que proporciona una estimación de la proporción de asignaciones erróneas sobre el total de elementos anotados. Generalmente, en investigación suele considerarse adecuado un FDR del 1 % (Cecconi, 2021; Kumar *et al.*, 2020).

Para seguir con el flujo de trabajo de la proteómica y poder trabajar con los valores obtenidos, estos datos se deben exportar a un formato de archivo compatible con los *software* que se emplearán posteriormente para el análisis e interpretación de los datos.

2.4.1 Análisis e interpretación de datos
Todas las "ómicas", incluida la proteómica, son un conjunto de técnicas de biología molecular y análisis que generan una multitud de datos al tratarse de técnicas de alto rendimiento. Es por esto que, para la interpretación de los resultados obtenidos y poder establecer conclusiones, se hace necesario el uso de herramientas bioinformáticas (Pandeswari y Sabareesh, 2019).

2.4.2 Limpieza de datos y análisis estadísticos
Una vez obtenidos los datos crudos, que son el listado de proteínas junto con el valor de cuantificación obtenido para cada una en las muestras control y problema, el siguiente paso es la detección y eliminación de falsos positivos. Para ello, se filtrarán solo aquellas proteínas detectadas en las muestras que posean al menos 1 péptido único (secuencia que solo aparece en una única proteína y no coincide con ninguna otra en la base de datos) y al menos 2 péptidos secuenciados para cada proteína (Hamacher *et al.*, 2011).

105

Posteriormente, una vez generada la lista de proteínas identificadas definitiva, se realiza un análisis de expresión diferencial para detectar cuáles de las proteínas de la muestra problema (tumor) se expresan al alza o a la baja, respecto a las presentes en la muestra control. Para ello, lo primero es normalizar los datos obtenidos (hay varios métodos de normalización) y posteriormente se calcula el valor Fold Change (FC), que se obtiene dividiendo la media de los valores obtenidos para una proteína de todas las muestras del tejido tumoral entre la media de los valores obtenidos para esa proteína de todas las muestras del tejido control. Después, se calcula el logaritmo del FC, con el fin de determinar el número de veces que cada proteína se encuentra expresada en el tejido tumoral respecto al control (Aguilan *et al.*, 2020).

El siguiente paso es realizar un estudio estadístico para diferenciar entre las proteínas que están significativamente expresadas en los tejidos tumorales frente a los controles. Para ello, se calcula el p-valor y el p-valor ajustado, empleando el método de Benjamini-Hochberg (Aguilan *et al.*, 2020; Zach, 2020). Los métodos estadísticos que se emplean para calcular el p-valor dependen de la normalidad de los datos y del número de réplicas, utilizando tests paramétricos (test-t) o no paramétricos (Mann-Whitney). Tras disponer del p-valor o del p-valor ajustado, se establece el corte de significancia en 0,05.

Aquellas proteínas que estén por encima del umbral establecido para el logaritmo del FC (normalmente 2 veces o superior), y por debajo del p-valor, son las proteínas alteradas y por lo tanto las más interesantes desde un punto de vista fisiopatológico. La información que nos ofrezcan las proteínas seleccionadas será esencial para conocer los mecanismos que han dado lugar a la génesis del tumor y por lo tanto serán claves en la búsqueda de marcadores y dianas moleculares terapéuticas.

Aunque se aconseja que estos análisis sean realizados por personal especializado y mediante *software* específicos, que pueden ser de pago o abiertos (como es el caso de la plataforma R), también existen herramientas proteómicas-bioinformáticas disponibles que realizan automáticamente dichos cálculos estadísticos a la vez que generan diferentes gráficas que facilitan la interpretación de los datos y la obtención de resultados de forma más rápida. Entre las herramientas disponibles destaca Metaboanalyst, que emplea los datos crudos, que, una vez que sean cargados a la plataforma, ofrece la opción de filtrarlos, normalizarlos y generar gráficas basadas en FC, test-t, análisis de componentes principales (PCA), agrupación de las proteínas en función de una determinada puntuación (*heatmaps*), etc. (Chong *et al.*, 2019). Todos los análisis que se realicen dentro de la plataforma pueden ser exportados para continuar trabajando con los resultados obtenidos desde otra perspectiva.

2.5 Enriquecimiento y análisis funcionales

Una vez que se conoce qué proteínas, con significancia estadística, se expresan de forma diferencial, es interesante saber, mediante análisis funcionales y de enriquecimiento, cómo se agrupan y/o interaccionan, cuál es su función y en qué rutas intervienen (Wu *et al.*, 2014). Al igual que en el apartado anterior, para este tipo de análisis hay multitud de herramientas disponibles, entre las que destacan STRING, KEGG, Reactome o Cytoscape. Este último es de especial interés ya que engloba a todas las demás bases de datos, por lo que el análisis que puede realizarse es mucho más completo, recibiendo información de rutas biológicas basada en información de rutas topológicas (Kohl *et al.*, 2011; Wu *et al.*, 2014).

Posteriormente, pueden realizarse análisis de agrupamiento en función de las rutas en las que participen dichas proteínas gracias al *plugin* ClusterMaker (MCL Cluster), también incluido en Cytoscape. A continuación, tras la generación de estas agrupaciones, se puede seleccionar cada una y realizar un enriquecimiento funcional mediante la herramienta ClueGO, también incluida en Cytoscape. Gracias a esta herramienta se pueden estudiar las anotaciones introducidas para las proteínas tanto mediante los términos GO (Componente Celular, Función Molecular y Proceso Biológico), como mediante la base de datos KEGG y Reactome (Kohl *et al.*, 2011).

Finalmente, otra aproximación interesante es conocer la relación de proteínas que se expresan de forma exclusiva en tejidos control frente a las detectadas solo en tejidos tumorales o incluso entre distintos grados de enfermedad de una misma patología. Estos datos se representan mediante diagramas de Venn y puede apreciarse cuáles de las proteínas son comunes y cuáles son únicas para una condición (Nagam, 2020). Las herramientas bioinformáticas más utilizadas para esto son Metaboanalyst o Venny (Chong *et al.*, 2019; Nagam, 2020).

3 AVANCES EN BIOMEDICINA Y DESARROLLO DE NUEVAS ESTRATEGIAS TERAPÉUTICAS

3.1 Diagnóstico y clasificación de patologías

Una de las aplicaciones biomédicas que presenta el uso de aproximaciones proteómicas, como 2D-DIGE y LC-MS/MS, es el descubrimiento de biomarcadores para la clasificación y diagnóstico de patologías como pueden ser diversos tipos de carcinomas (Alharbi, 2020). En este sentido, destaca el uso de los diagramas de Venn, ya que el resultado de comparar cualitativamente las proteínas obtenidas de muestras de diversos grados de una misma patología puede ofrecer nuevos marcadores de clasificación (Burger, 2023).

El objetivo de la biomedicina es desarrollar estrategias que vayan encaminadas a llevar a cabo medicina de precisión y personalizada. En este contexto, el uso de aproximaciones proteómicas, descritas en este capítulo, para el desarrollo de protocolos de caracterización molecular más eficientes, permitirá una mejor clasificación de los pacientes, lo cual es un punto crítico en la aplicación de la medicina de precisión.

3.2 Búsqueda de dianas moleculares para nuevas terapias

Por otro lado, en oncología, como en otras áreas relacionadas con la salud, una medicina personalizada depende de la existencia de marcadores terapéuticos de precisión. Para ello, el desarrollo de aproximaciones proteómicas para la detección y búsqueda de candidatos a dianas terapéuticas está en plena expansión. Así, el conocimiento generado sobre las rutas alteradas en un determinado tumor permite detectar puntos clave para diseñar estrategias terapéuticas. Un ejemplo claro es la detección de marcadores de membrana exclusivos de células tumorales para la posterior validación y desarrollo de herramientas de eliminación celular selectivas basadas en inmunoterapia (CAR-T y anticuerpos monoclonales). Además, se pueden desarrollar estrategias con el objetivo de predecir la efectividad de diversos tratamientos con el fin de agilizar la medicina personalizada y la recuperación de los pacientes (Al-Amrani *et al.*, 2021; Burger, 2023).

3.3 Ensayos *in vitro*

Las aproximaciones proteómicas estándar actuales han avanzado considerablemente a lo largo de los años; sin embargo, en la búsqueda de dianas moleculares para establecer nuevas estrategias terapéuticas se puede ir un paso más allá empleando la rama llamada microproteómica (Alexovič *et al.*, 2021). El motivo del auge de esta nueva variante de la proteómica se justifica en la gran diversidad de proteínas que se pueden extraer de un tejido tumoral y que, en ciertos casos, este hecho puede ser contraproducente en la identificación de marcadores, que generalmente son poco abundantes en una muestra. Por el contrario, el uso de cultivos celulares 2D y 3D, específicos de dichas células tumorales, facilita mucho la extracción de proteínas poco abundantes, claves en procesos de regulación, y presentes de forma diferencial en este tipo de patología (Alexovič *et al.*, 2021; Bodzon-Kulakowska *et al.*, 2007).

En este caso, la metodología experimental se puede resumir como sigue: partiendo de tejidos tumorales frescos procedentes de pacientes diagnosticados con adenocarcinoma, se realiza un protocolo de dispersión celular (Glaysher y Cree, 2011) con el fin de obtener células tumorales individuales del tejido; a continuación, y de forma opcional, se siembran dichas células en forma de cultivo durante 24 h; posteriormente, se lleva a cabo un protocolo de citometría de flujo (Xia, 2018) para separar únicamente las células tumorales de interés gracias a marcajes con anticuerpos y fluorocromos específicos. Para este paso es esencial haber detectado antes marcadores de membrana exclusivos de las células de este tipo de tumor. Seguidamente, una vez tengamos aisladas las células cancerosas se comienza a realizar el protocolo de extracción, cuantificación y análisis de proteínas siguiendo los pasos descritos al inicio de este capítulo (Alexovič *et al.*, 2021).

Otro aspecto a destacar de los ensayos *in vitro* con cultivos celulares 2D y 3D es la posibilidad de realizar estudios de validación para las dianas terapéuticas detectadas previamente (Frantzi *et al.*, 2019; Kruse *et al.*, 2008) o bien el desarrollo de estudios funcionales para el silenciamiento o sobreexpresión de un determinado biomarcador también identificado previamente, con el fin de estudiar su papel en la patogenicidad del tumor (Brioschi y Banfi, 2018).

Recientemente, ha comenzado a ser cada vez más popular el uso de la proteómica de célula única, lo cual posibilita estudiar mediante MS/MS el proteoma concreto de una única célula que procederá del tejido tumoral, obteniendo información de todas las proteínas extraídas de esa célula tumoral, permitiendo caracterizar más eficazmente ese tipo celular concreto (Cui *et al.*, 2022).

Posteriormente, tras obtener los resultados de los ensayos previamente mencionados en cultivos celulares, se puede avanzar hacia su escalado para el empleo de la misma estrategia en modelos animales de experimentación (Kroeger, 2006).

3.4 Ensayos *in vivo*

Los animales de experimentación juegan un papel fundamental en la búsqueda y validación de marcadores proteicos. La importancia del empleo de animales de experimentación en oncología se basa en la posibilidad de generar los llamados modelos humanizados o PDX por sus siglas en inglés (Patient Derived Xenograft). Estos se generan mediante la introducción de una pequeña cantidad de tejido tumoral mediante cirugía mínimamente invasiva o mediante inyección (intraperitoneal, subcutánea, etc.) (Bodzon-Kulakowska *et al.*, 2007).

El uso de estos modelos animales de experimentación se realiza bajo una estricta legislación, previa autorización de la autoridad competente y con personal cualificado para los procedimientos que se vayan a desarrollar («Directive 2010/63/EU of the European Parliament and of the Council of 22 September 2010 on the Protection of Animals Used for Scientific purposesText with EEA Relevance», s. f.; Laws and Regulations on Animal Experimentation, s. f.). De esta forma, siguiendo el principio de las 3 R's (Reducir, Reemplazar y Refinar), se debe emplear el menor número de animales siempre que no se pueda evitar su uso mediante el empleo de métodos alternativos (por ejemplo cultivos celulares, modelos unicelulares, etc) u otras técnicas, como las simulaciones de ordenador; además, los animales utilizados deben adecuarse a los ensayos que se van a desarrollar en relación a la posición de estos en la escala evolutiva, de tal manera que los resultados sean lo más traslacionales posible a la especie humana (Kroeger, 2006; Lee *et al.*, 2020).

Para los análisis farmacológicos de un nuevo tratamiento, se utilizan en un primer paso ensayos *in vitro*, con el fin de minimizar el número de animales. Posteriormente, suele ser necesario realizar una validación de los protocolos en modelos *in vivo*. Así se determinan aspectos fundamentales como son la administración del terapéutico, la vía de administración, la dosis, etc. (Centers for Disease Control and Prevention, 2011).

Tras la finalización del ensayo, con los resultados de los parámetros obtenidos deben realizarse análisis estadísticos para determinar la significancia de dichos datos y así realizar una interpretación objetiva con el fin de determinar la eficacia de la estrategia terapéutica empleada (Dancey *et al.*, 2010).

3.5 Ensayo clínicos

Los ensayos clínicos suponen la última fase de investigación relacionada con la transición de resultados de investigaciones básicas a la práctica clínica habitual. Un ensayo clínico se basa en el testeo de una estrategia terapéutica, en este caso una diana proteica o el empleo de una terapia biológica proteica en humanos (sanos y enfermos) para determinar su seguridad y eficacia (Umscheid *et al.*, 2011).

Los ensayos clínicos, al igual que los ensayos *in vivo*, están regidos por estrictas normativas aplicables a todos los elementos que intervienen: promotor, organización de investigación por contrato (CRO), hospitales y centros sanitarios participantes, comités éticos y agencias reguladoras, investigadores, monitores y pacientes del ensayo, diferenciándose ensayos clínicos en fase I, II, III y IV (International Council for Harmonisation of Technical Requirements for Pharmaceuticals for Human Use, s. f.; Umscheid *et al.*, 2011).

En este aspecto, los investigadores deben justificar muy bien, basándose en datos preliminares obtenidos en modelos animales y celulares, la necesidad de realizar dicho ensayo, así como redactar de forma muy detallada el protocolo que se seguirá además de otros datos relevantes (criterios de inclusión y exclusión, la forma de aleatorización y agrupación de los pacientes incluidos, parámetros a estudiar, en qué momento y cómo deben ser recogidos dichos parámetros, efectos adversos esperados y método de actuación frente a ellos, resultados esperados, etc.). Tras obtener la autorización del comité de ética y de la agencia reguladora correspondiente, el reclutamiento de los pacientes puede comenzar. Sin embargo, adicionalmente, los investigadores deben redactar un documento de información al paciente, con los mismos datos del protocolo, pero en un lenguaje más sencillo, junto con un documento de consentimiento que debe ser firmado por el paciente previa inclusión del mismo en el ensayo (International Council for Harmonisation of Technical Requirements for Pharmaceuticals for Human Use, s. f.).

4 CONCLUSIÓN Y PERSPECTIVAS FUTURAS

De acuerdo con todo lo explicado durante el capítulo, resulta evidente que la proteómica es una herramienta muy versátil en la investigación de la fisiopatología del cáncer y los mecanismos que se encuentran detrás de su desarrollo. Gracias a que la proteómica ha avanzado enormemente en los últimos años debido a las mejoras en la instrumentación empleada para el análisis de extractos proteicos, a las herramientas bioinformáticas para el posterior análisis de datos, así como el empleo de la inteligencia artificial, está siendo posible, además de determinar mecanismos patogénicos, encontrar nuevos marcadores de diagnóstico, pronóstico o terapéuticos con el fin de avanzar hacia una medicina de precisión y personalizada, lo cual supondrá una mejora en el ámbito socioeconómico. El actual, y cada vez más frecuente, uso de la inteligencia artificial basada en modelos de Machine Learning y Deep Learning para agilizar el análisis e interpretación de los datos obtenidos mediante diversas técnicas (tanto proteómicas como genómicas) supondrá un considerable avance en la precisión y rapidez con la que se obtendrán resultados diagnósticos y pronósticos basados en biomarcadores biológicamente relevantes identificados por los algoritmos de inteligencia artificial tras ser entrenados (Hartman *et al.*, 2023; Mann *et al.*, 2021; Sun *et al.*, 2022).

Sin embargo, a pesar de los avances conseguidos en estos campos, aún sigue siendo necesario desarrollar innovaciones en los equipos empleados, así como ampliar las anotaciones de las bases de datos proteómicas y crear herramientas bioinformáticas accesibles para los usuarios con el fin de poder obtener, con un mayor éxito y margen de confianza, datos clave para el conocimiento y manejo clínico de esta devastadora patología.

BIBLIOGRAFÍA

Aguilan, J. T., Kulej, K. y Sidoli, S. (2020). Guide for protein fold change and p-value calculation for non-experts in proteomics. *Molecular Omics, 16*(6), 573-582. https://doi.org/10.1039/D0MO00087F

Al-Amrani, S., Al-Jabri, Z., Al-Zaabi, A., Alshekaili, J. y Al-Khabori, M. (2021). Proteomics: Concepts and applications in human medicine. *World Journal of Biological Chemistry, 12*(5), 57-69. https://doi.org/10.4331/wjbc.v12.i5.57

Alexovič, M., Sabo, J. y Longuespée, R. (2021). Microproteomic sample preparation. *PROTEOMICS, 21*(9), 2000318. https://doi.org/10.1002/pmic.202000318

Alharbi, R. A. (2020). Proteomics approach and techniques in identification of reliable biomarkers for diseases. *Saudi Journal of Biological Sciences, 27*(3), 968-974. https://doi.org/10.1016/j.sjbs.2020.01.020

Arjona-Sánchez, A. (2021). Hyperthermic intraperitoneal chemotherapy as adjuvant therapy in locally advanced colon cancer. *Techniques in Coloproctology, 25*(1), 147-148. https://doi.org/10.1007/s10151-020-02304-8

Arjona-Sánchez, A., Aziz, O., Passot, G., Salti, G., Esquivel, J., Van der Speeten, K., Piso, P., Nedelcut, D.-S., Sommariva, A., Yonemura, Y., Turaga, K., Selvasekar, C. R., Rodríguez-Ortiz, L., Sánchez-Hidalgo, J. M., Casado-Adam, A., Rufián-Peña, S., Briceño, J. y Glehen, O. (2021). Laparoscopic cytoreductive surgery and hyperthermic intraperitoneal chemotherapy for limited peritoneal metastasis. The PSOGI international collaborative registry. *European Journal of Surgical Oncology, 47*(6), 1420-1426. https://doi.org/10.1016/j.ejso.2020.11.140

Arjona-Sánchez, A., Esquivel, J., Glehen, O., Passot, G., Turaga, K. K., Labow, D., Rufián-Peña, S., Morales, R. y van der Speeten, K. (2019). A minimally invasive approach for peritonectomy procedures and hyperthermic intraperitoneal chemotherapy (HIPEC) in limited peritoneal carcinomatosis: The American Society of Peritoneal Surface Malignancies (ASPSM) multi-institution analysis. *Surgical Endoscopy, 33*(3), 854-860. https://doi.org/10.1007/s00464-018-6352-4

Arjona-Sánchez, A., Martínez-López, A., Moreno-Montilla, M. T., Mulsow, J., Lozano-Lominchar, P., Martínez-Torres, B., Rau, B., Canbay, E., Sommariva, A., Milione, M., Deraco, M., Sgarbura, O., Torgunrud, A., Kepenekian, V., Carr, N. J., Hoorens, A., Delhorme, J. B., Wernert, R., Goere, D., … Cenzi, C. (2023). External multicentre validation of pseudomyxoma peritonei PSOGI-Ki67 classification. *European Journal of Surgical Oncology*, S0748798323003773. https://doi.org/10.1016/j.ejso.2023.03.206

Bodzon-Kulakowska, A., Bierczynska-Krzysik, A., Dylag, T., Drabik, A., Suder, P., Noga, M., Jarzebinska, J. y Silberring, J. (2007). Methods for samples preparation in proteomic research. *Journal of Chromatography B, 849*(1-2), 1-31. https://doi.org/10.1016/j.jchromb.2006.10.040

BOE. (s. f.). Ley 41/2002, de 14 de noviembre, básica reguladora de la autonomía del paciente y de derechos y obligaciones en materia de información y documentación clínica. Recuperado 27 de marzo de 2023, de https://www.boe.es/buscar/act.php?id=BOE-A-2002-22188

Brioschi, M. y Banfi, C. (2018). The application of gene silencing in proteomics: From laboratory to clinic. *Expert Review of Proteomics, 15*(9), 717-732. https://doi.org/10.1080/14789450.2018.1521275

Burger, T. (Ed.). (2023). *Statistical Analysis of Proteomic Data: Methods and Tools* (Vol. 2426). Springer US. https://doi.org/10.1007/978-1-0716-1967-4

Cañas, B., Piñeiro, C., Calvo, E., López-Ferrer, D. y Gallardo, J. M. (2007). Trends in sample preparation for classical and second generation proteomics. *Journal of Chromatography A, 1153*(1-2), 235-258. https://doi.org/10.1016/j.chroma.2007.01.045

Catherman, A. D., Skinner, O. S. y Kelleher, N. L. (2014). Top Down proteomics: Facts and perspectives. *Biochemical and Biophysical Research Communications, 445*(4), 683-693. https://doi.org/10.1016/j.bbrc.2014.02.041

Cecconi, D. (Ed.). (2021). *Proteomics Data Analysis* (Vol. 2361). Springer US. https://doi.org/10.1007/978-1-0716-1641-3

Centers for Disease Control and Prevention (Ed.). (2011). *Guidelines for Safe Work Practices in Human and Animal Medical Diagnostic Laboratories: Vol. 60 (Suppl)*. Centers for Disease Control and Prevention.

Chong, J., Wishart, D. S. y Xia, J. (2019). Using MetaboAnalyst 4.0 for Comprehensive and Integrative Metabolomics Data Analysis. *Current Protocols in Bioinformatics, 68*(1). https://doi.org/10.1002/cpbi.86

Coccolini, F. (2013). Peritoneal carcinomatosis. *World Journal of Gastroenterology, 19*(41), 6979. https://doi.org/10.3748/wjg.v19.i41.6979

Collins, B. C., Hunter, C. L., Liu, Y., Schilling, B., Rosenberger, G., Bader, S. L., Chan, D. W., Gibson, B. W., Gingras, A.-C., Held, J. M., Hirayama-Kurogi, M., Hou, G., Krisp, C., Larsen, B., Lin, L., Liu, S., Molloy, M. P., Moritz, R. L., Ohtsuki, S., … Aebersold, R. (2017). Multi-laboratory assessment of reproducibility, qualitative and quantitative performance of SWATH-mass spectrometry. *Nature Communications, 8*(1), 291. https://doi.org/10.1038/s41467-017-00249-5

Cooper, G. M. (2000). *The Development and Causes of Cancer* (2.ª ed.). Sinauer Associates. https://www.ncbi.nlm.nih.gov/books/NBK9963/

Cox, B. y Emili, A. (2006). Tissue subcellular fractionation and protein extraction for use in mass-spectrometry-based proteomics. *Nature Protocols, 1*(4), 1872-1878. https://doi.org/10.1038/nprot.2006.273

Cui, M., Cheng, C. y Zhang, L. (2022). High-throughput proteomics: A methodological mini-review. *Laboratory Investigation, 102*(11), 1170-1181. https://doi.org/10.1038/s41374-022-00830-7

Dancey, J. E., Dobbin, K. K., Groshen, S., Jessup, J. M., Hruszkewycz, A. H., Koehler, M., Parchment, R., Ratain, M. J., Shankar, L. K., Stadler, W. M., True, L. D., Gravell, A. y Grever, M. R. (2010). Guidelines for the Development and Incorporation of Biomarker Studies in Early Clinical Trials of Novel Agents. *Clinical Cancer Research, 16*(6), 1745-1755. https://doi.org/10.1158/1078-0432.CCR-09-2167

Directive 2010/63/EU of the European Parliament and of the Council of 22 September 2010 on the protection of animals used for scientific purposesText with EEA relevance. (s. f.). *Official Journal of the European Union*.

Drepper, J. (2019). Data protection in biobanks from a practical point of view: What must be taken into account during set-up and operation? *Journal of Laboratory Medicine, 43*(6), 301-309. https://doi.org/10.1515/labmed-2018-0112

Ercan, H., Resch, U., Hsu, F., Mitulovic, G., Bileck, A., Gerner, C., Yang, J.-W., Geiger, M., Miller, I. y Zellner, M. (2023). A Practical and Analytical Comparative Study of Gel-Based Top-Down and Gel-Free Bottom-Up Proteomics Including Unbiased Proteoform Detection. *Cells, 12*(5), 747. https://doi.org/10.3390/cells12050747

Frantzi, M., Latosinska, A. y Mischak, H. (2019). Proteomics in Drug Development: The Dawn of a New Era? *PROTEOMICS – Clinical Applications, 13*(2), 1800087. https://doi.org/10.1002/prca.201800087

Gallegos-Pérez, J. L. (2009). Aplicación de la espectrometría de masas en proteómica para la búsqueda de biomarcadores. *Mensaje Bioquímico, XXXIII*(33), 131-146.

Glaysher, S. y Cree, I. A. (2011). Isolation and Culture of Colon Cancer Cells and Cell Lines. En I. A. Cree (Ed.), *Cancer Cell Culture* (Vol. 731, pp. 135-140). Humana Press. https://doi.org/10.1007/978-1-61779-080-5_12

Hamacher, M., Eisenacher, M. y Stephan, C. (Eds.). (2011). *Data Mining in Proteomics: From Standards to Applications* (Vol. 696). Humana Press. https://doi.org/10.1007/978-1-60761-987-1

Hanahan, D. y Weinberg, R. A. (2011). Hallmarks of Cancer: The Next Generation. *Cell, 144*(5), 646-674. https://doi.org/10.1016/j.cell.2011.02.013

Hartman, E., Scott, A. M., Karlsson, C., Mohanty, T., Vaara, S. T., Linder, A., Malmström, L. y Malmström, J. (2023). Interpreting biologically informed neural networks for enhanced proteomic biomarker discovery and pathway analysis. *Nature Communications, 14*(1), 5359. https://doi.org/10.1038/s41467-023-41146-4

Hernández-Camarero, P., Jiménez, G., López-Ruiz, E., Barungi, S., Marchal, J. A. y Perán, M. (2018). Revisiting the dynamic cancer stem cell model: Importance of tumour edges. *Critical Reviews in Oncology/Hematology, 131*, 35-45. https://doi.org/10.1016/j.critrevonc.2018.08.004

in den Bäumen, T. S., Paci, D. y Ibarreta, D. (2010). Data Protection and Sample Management in Biobanking—A legal dichotomy. *Genomics, Society and Policy, 6*(1), 33. https://doi.org/10.1186/1746-5354-6-1-33

International Council for Harmonisation of Technical Requirements for Pharmaceuticals for Human Use. (s. f.). Recuperado 18 de abril de 2023, de https://www.ich.org/page/efficacy-guidelines

Jacob, M., Varghese, J., Murray, R. K. y Weil, P. A. (s. f.). *Chapter 56: Cancer: An Overview* (30.ª ed.). McGraw Hill. https://accessmedicine.mhmedical.com/content.aspx?bookid=1366&sectionid=73247495

Kennelly, P. J., Botham, K. M., McGuinness, O. P., Rodwell, V. W. y Weil, P. A. (2023). *Chapter 56: Cancer: An overview.* (32nd ed). McGraw Hill (Harper's Illustrated Biochemistry).

Kohl, M., Wiese, S. y Warscheid, B. (2011). Cytoscape: Software for Visualization and Analysis of Biological Networks. En M. Hamacher, M. Eisenacher y C. Stephan (Eds.), *Data Mining in Proteomics* (Vol. 696, pp. 291-303). Humana Press. https://doi.org/10.1007/978-1-60761-987-1_18

Kroeger, M. (2006). How omics technologies can contribute to the '3R' principles by introducing new strategies in animal testing. *Trends in Biotechnology*, *24*(8), 343-346. https://doi.org/10.1016/j.tibtech.2006.06.003

Kruse, U., Bantscheff, M., Drewes, G. y Hopf, C. (2008). Chemical and Pathway Proteomics. *Molecular & Cellular Proteomics*, *7*(10), 1887-1901. https://doi.org/10.1074/mcp.R800006-MCP200

Kumar, V., Ray, S., Ghantasala, S. y Srivastava, S. (2020). An Integrated Quantitative Proteomics Workflow for Cancer Biomarker Discovery and Validation in Plasma. *Frontiers in Oncology*, *10*, 543997. https://doi.org/10.3389/fonc.2020.543997

Laws and regulations on animal experimentation. (s. f.). Recuperado 18 de abril de 2023, de https://ki.se/en/km/laws-and-regulations-on-animal-experimentation

Lee, K. H., Lee, D. W. y Kang, B. C. (2020). The 'R' principles in laboratory animal experiments. *Laboratory Animal Research*, *36*(1), 45. https://doi.org/10.1186/s42826-020-00078-6

Mager, S. R., Oomen, M. H. A., Morente, M. M., Ratcliffe, C., Knox, K., Kerr, D. J., Pezzella, F. y Riegman, P. H. J. (2007). Standard operating procedure for the collection of fresh frozen tissue samples. *European Journal of Cancer*, *43*(5), 828-834. https://doi.org/10.1016/j.ejca.2007.01.002

Mann, M., Kumar, C., Zeng, W.-F. y Strauss, M. T. (2021). Artificial intelligence for proteomics and biomarker discovery. *Cell Systems*, *12*(8), 759-770. https://doi.org/10.1016/j.cels.2021.06.006

Millioni, R., Tolin, S., Puricelli, L., Sbrignadello, S., Fadini, G. P., Tessari, P. y Arrigoni, G. (2011). High Abundance Proteins Depletion vs Low Abundance Proteins Enrichment: Comparison of Methods to Reduce the Plasma Proteome Complexity. *PLoS ONE*, *6*(5), e19603. https://doi.org/10.1371/journal.pone.0019603

Minden, J. S. (2012). Two-Dimensional Difference Gel Electrophoresis (2D DIGE). En *Methods in Cell Biology* (Vol. 112, pp. 111-141). Elsevier. https://doi.org/10.1016/B978-0-12-405914-6.00006-8

Nagam, V. (2020). Early Detection of Temporal Lobe Epilepsy: Identification of Novel Candidate Genes and Potential Biomarkers Using Integrative Genomics Analysis. *Open Journal of Genetics*, *10*(04), 65-81. https://doi.org/10.4236/ojgen.2020.104006

Nurk, S., Koren, S., Rhie, A., Rautiainen, M., Bzikadze, A. V., Mikheenko, A., Vollger, M. R., Altemose, N., Uralsky, L., Gershman, A., Aganezov, S., Hoyt, S. J., Diekhans, M., Logsdon, G. A., Alonge, M., Antonarakis, S. E., Borchers, M., Bouffard, G. G., Brooks, S. Y., ... Phillippy, A. M. (2022). The complete sequence of a human genome. *Science*, *376*, 44-53. https://doi.org/10.1126/science.abj6987

Otzen, T., Manterola, C., Rodríguez-Núñez, I. y García-Domínguez, M. (2017). La necesidad de aplicar el método científico en Investigación Clínica: Problemas, beneficios y factibilidad del desarrollo de protocolos de investigación. *International Journal of Morphology*, *35*(3), 1031-1036. https://doi.org/10.4067/S0717-95022017000300035

Pandeswari, P. B. y Sabareesh, V. (2019). Middle-down approach: A choice to sequence and characterize proteins/proteomes by mass spectrometry. *RSC Advances*, *9*(1), 313-344. https://doi.org/10.1039/C8RA07200K

Peach, M., Marsh, N., Miskiewicz, E. I. y MacPhee, D. J. (2015). Solubilization of Proteins: The Importance of Lysis Buffer Choice. En B. T. Kurien & R. H. Scofield (Eds.), *Western Blotting* (Vol. 1312, pp. 49-60). Springer New York. https://doi.org/10.1007/978-1-4939-2694-7_8

Piovesan, A., Antonaros, F., Vitale, L., Strippoli, P., Pelleri, M. C. y Caracausi, M. (2019). Human protein-coding genes and gene feature statistics in 2019. *BMC Research Notes*, *12*(1), 315. https://doi.org/10.1186/s13104-019-4343-8

Redrup, M. J., Igarashi, H., Schaefgen, J., Lin, J., Geisler, L., Ben M'Barek, M., Ramachandran, S., Cardoso, T. y Hillewaert, V. (2016). Sample Management: Recommendation for Best Practices and Harmonization from the Global Bioanalysis Consortium Harmonization Team. *The AAPS Journal*, *18*(2), 290-293. https://doi.org/10.1208/s12248-016-9869-2

Registro Nacional de Biobancos. (s. f.). Recuperado 27 de marzo de 2023, de https://www.isciii.es/QueHacemos/Servicios/BIOBANCOS/Paginas/RegistroNacionalBiobancos.aspx

Reinders, J. y Sickmann, A. (Eds.). (2009). *Proteomics* (Vol. 564). Humana Press. https://doi.org/10.1007/978-1-60761-157-8

Stauffer, S., Gardner, A., Ungu, D. A. K., López-Córdoba, A. y Heim, M. (2018). *Labster Virtual Lab Experiments: Basic Biology*. Springer Berlin Heidelberg. https://doi.org/10.1007/978-3-662-57996-1

Sun, Y., Selvarajan, S., Zang, Z., Liu, W., Zhu, Y., Zhang, H., Chen, W., Chen, H., Li, L., Cai, X., Gao, H., Wu, Z., Zhao, Y., Chen, L., Teng, X., Mantoo, S., Lim, T. K.-H., Hariraman, B., Yeow, S., … Guo, T. (2022). Artificial intelligence defines protein-based classification of thyroid nodules. *Cell Discovery*, *8*(1), 85. https://doi.org/10.1038/s41421-022-00442-x

Umscheid, C. A., Margolis, D. J. y Grossman, C. E. (2011). Key Concepts of Clinical Trials: A Narrative Review. *Postgraduate Medicine*, *123*(5), 194-204. https://doi.org/10.3810/pgm.2011.09.2475

Vaught, J. B. y Henderson, M. K. (s. f.). *Biological sample collection, processing, storage and information management*.

Wu, X., Hasan, M. A. y Chen, J. Y. (2014). Pathway and network analysis in proteomics. *Journal of Theoretical Biology*, *362*, 44-52. https://doi.org/10.1016/j.jtbi.2014.05.031

Xia, C. J. (2018). *Flow Cytometry Protocol*. protocols.io. https://doi.org/dx.doi.org/10.17504/protocols.io.mgdc3s6

Xiao, Q., Zhang, F., Xu, L., Yue, L., Kon, O. L., Zhu, Y. y Guo, T. (2021). High-throughput proteomics and AI for cancer biomarker discovery. *Advanced Drug Delivery Reviews*, *176*, 113844. https://doi.org/10.1016/j.addr.2021.113844

Yates, J. R. (2013). The Revolution and Evolution of Shotgun Proteomics for Large-Scale Proteome Analysis. *Journal of the American Chemical Society*, *135*(5), 1629-1640. https://doi.org/10.1021/ja3094313

Zach. (2020). A Guide to the Benjamini-Hochberg Procedure. *Statology*. https://www.statology.org/benjamini-hochberg-procedure/

Zika, E., Schulte in den Bäumen, T., Kaye, J., Brand, A. y Ibarreta, D. (2008). Sample, data use and protection in biobanking in Europe: Legal issues. *Pharmacogenomics*, *9*(6), 773-781. https://doi.org/10.2217/14622416.9.6.773

Preguntas de autoevaluación

1. La proteómica es considerada estática ya que a cada gen se le asocia solo una proteína:
    a. Verdadero
    b. Falso

2. Un tumor se torna maligno cuando, a nivel celular, se produce:
    a. Hiperplasia
    b. Hipertrofia
    c. Displasia
    d. Todas las anteriores

3. Elige la secuencia correcta en relación a la obtención y gestión de muestras biológicas:
    a. Toma de muestra, biobanco, anatomía patológica, laboratorio
    b. Toma de muestra, laboratorio, anatomía patológica, biobanco
    c. Toma de muestra, anatomía patológica, biobanco, laboratorio
    d. Toma de muestra, biobanco, laboratorio, anatomía patológica

4. Si se quiere evitar la desnaturalización de las proteínas en un protocolo de extracción de proteínas, cuáles de los siguientes reactivos no deben añadirse al tampón de lisis:
    a. Detergentes iónicos
    b. Agentes reductores
    c. Detergentes no iónicos
    d. Detergentes iónicos y agentes reductores

5. Las técnicas más usadas para la eliminación de compuestos que pueden interferir con las proteínas son la precipitación de proteínas con TCA/acetona, la ultracentrifugación y la cromatografía:
    a. Verdadero
    b. Falso

6. Las técnicas de proteómica clásica se usan cada vez menos ya que se han sustituido por las de proteómica moderna:
    a. Verdadero
    b. Falso

7.	Para realizar un estudio sobre el perfil proteico, incluidas las modificaciones postraduccionales, la mejor aproximación a usar es:
a. Proteómica *bottom-up*
b. Proteómica *top-down*
c. Proteómica *middle-down*
d. Indiferente, ya que finalmente todas ofrecen el conjunto de proteínas detectado en las muestras.

8.	Tras obtener los datos del análisis realizado mediante HPLC-MS/MS, se puede comenzar a hacer el análisis estadístico pertinente, calculando el FC y el p-valor:
a. Verdadero
b. Falso

9.	Las herramientas bioinformáticas Mataboanalyst, Cytoscape (STRING y ClueGo) y Venny suelen emplearse con más frecuencia para:
a. Análisis estadísticos
b. Enriquecimientos y análisis funcionales
c. Detección de biomarcadores
d. Todas las anteriores son correctas

10.	En todos los casos, antes de empezar un ensayo clínico, es obligatorio realizar ensayos *in vitro* propios seguidos de ensayos *in vivo* en modelos animales:
a. Verdadero
b. Falso

RESUMEN

La proteómica se basa en el estudio a gran escala del conjunto de proteínas de un determinado sistema biológico. Los avances experimentados gracias a las técnicas proteómicas han supuesto una revolución en la investigación de multitud de procesos biológicos, siendo la regulación de los mecanismos de transcripción uno de los campos que se ha beneficiado del desarrollo de esta tecnología. La transcripción es un proceso complejo, altamente regulado, en el que participan multitud de proteínas. La composición proteica de los complejos transcripcionales, las interacciones entre las distintas proteínas implicadas, así como las modificaciones postraduccionales de las mismas, han sido ampliamente estudiadas mediante técnicas proteómicas. Por otro lado, la interacción entre proteínas, DNA y RNA en el contexto de la cromatina, hace que la accesibilidad al análisis de dichas proteínas sea reducida, haciendo necesario el desarrollo de técnicas específicas para su aislamiento y detección. En este capítulo, estudiaremos algunos ejemplos de estudios proteómicos que han permitido avanzar en el conocimiento de la regulación de la expresión génica.

PALABRAS CLAVE: *transcripción, RNA polimerasas, proteómica, cromatina, AP-MS.*

ABSTRACT

Proteomics is the large-scale study of proteins of a given biological system. Advances in proteomic techniques have improved the research of a large amount of biological processes. Proteomic approaches have played a crucial role to increase the knowledge of regulation of transcription mechanisms. Transcription is a complex, highly regulated process involving a multitude of proteins. The protein composition of the transcriptional complexes, protein-protein interactions, as well as their post-translational modifications, have been widely studied using proteomic techniques. Interactions between proteins, DNA and RNA in the context of chromatin, reduce the accessibility of these proteins, so the development of specific methodologies for their isolation and detection is needed. In this chapter, we will study some examples of proteomic-based studies that have improved the knowledge of gene expression regulation.

KEYWORDS: *transcription, RNA polymerases, proteomics, chromatin, AP-MS.*

ABREVIATURAS

ADP	adenosin difosfato
AP-MS	*affinity purification-mass spectrometry*, purificación por afinidad seguida de espectrometría de masas
ATP	adenosin trifosfato
BioID	*proximity-dependent biotinylation identification*, biotinilación dependiente de proximidad
CTD	*carboxi-terminal domain*, dominio carboxilo terminal
DNA	*deoxyribonucleic acid*, ácido desoxirribonucleico, ADN
DUB	*deubiquitinating enzymes*, enzima deubiquitinadora
ESI-MS	*electrospray ionization-mass spectrometry*, ionización por electroespray y espectrometría de masas
GTFs	*general transcription factors*, factores generales de transcripción
HAT	*histone acetyltransferase*, histona acetiltransferasa
HPLC	*high performance liquid chromatography*, cromatografía líquida de alta eficacia
hPTMs	*histone post translational modifications*, modificaciones postraduccionales de las histonas

ICAT   *isotope-coded affinity tag*, etiqueta de afinidad codificada por isótopos

iTRAQ   *isobaric tags for relative and absolute quantitation*, etiquetas isobáricas para cuantificación relativa y absoluta

LC-MS/MS *liquid chromatography–tandem mass spectrometry*, cromatografía líquida seguida de espectrometría de masas en tándem

mChIP   *modified chromatin immunopurification*, inmunopurificación de cromatina modificada

miRNA   micro-RNA, micro-ARN, micro ácido ribonucleico

mRNA   *messenger ribonucleic acid*, ácido ribonucleico mensajero, ARN mensajero

mRNA-CT   *cross-talk* del mRNA

mRNPs   *ribonucleoproteins*, ribonucleoproteinas, complejos proteína-mRNA

MS   *mass spectrometry*, espectrometría de masas

MS/MS   *tandem mass spectrometry*, espectrometría de masas en tándem

ncRNA   *non-coding ribonucleic acid*, ácido ribonucleico no codificante

O-GlcNAc N-acetilglucosamina

OGT   O-GlcNAc-transferasa

PIC   *preinitiation complex*, complejo de preiniciación

Proteome-ChIP proteoma asociado a inmunopurificación de cromatina

PTMs   *post translational modifications*, modificaciones postraduccionales

R2TP   complejo Rvb1p-Rvb2p-Tah1p-Pih1p en levaduras y RUVBL1-RUVBL2-RPAP3-PIH1D1 en humanos

RBPs   *RNA binding proteins*, proteínas de unión a RNA

RNA pols RNA polimerasas

RNA   *ribonucleic acid*, ácido ribonucleico, ARN

RNasa   ribonucleasa

RP   *ribosomal protein*, proteína ribosómica

rRNA   *ribosomal ribonucleic acid*, ácido ribonucleico ribosómico, ARN ribosómico, ARNr

SAGA   Spt-Ada-Gcn5 acetiltransferasa

SDS-PAGE *sodium dodecyl sulfate polyacrylamide gel electrophoresis*, electroforesis en gel de poliacrilamida con dodecilsulfato sódico

SILAC   *Stable Isotope Labeling by/with Amino acids in Cell culture*, marcaje de isótopos estables por/con aminoácidos en cultivo celular

snoRNA   *small nucleolar ribonucleic acid*, ácido ribonucleico pequeño nucleolar, ARNsno

snRNA   *small nuclear ribonucleic acid*, ácido ribonucleico pequeño nuclear, ARNsn

TAP   *Tandem Affinity Purification*, purificación por afinidad en tándem

TBP   *TATA binding protein*, proteína de unión a TATA

tRNA   *transfer ribonucleic acid*, ácido ribonucleico transferente, ARN transferente, ARNt

yChEFs   *yeast Chromatin Enriched Fractions*, fracciones enriquecidas de cromatina de levaduras

121

05
PROTEÓMICA Y REGULACIÓN DE LA TRANSCRIPCIÓN

María del Carmen Mota-Trujillo
Ana Isabel Garrido-Godino*

1 INTRODUCCIÓN

El término proteoma describe el conjunto completo de proteínas de una situación concreta, como pueden ser las presentes en una célula, orgánulo o tejido en un momento y condiciones determinadas. La proteómica, por tanto, hace referencia al conjunto de técnicas desarrolladas con objeto de identificar y determinar la presencia, la abundancia y las interacciones entre las distintas proteínas presentes en una muestra biológica, teniendo también en cuenta las modificaciones postraduccionales que puedan presentar (James, 1997; Köcher y Superti-Furga, 2007).

Los abordajes proteómicos se han mostrado como herramientas cruciales para el estudio de la expresión génica, tanto de la maquinaria *per se*, como de los complejos transcripcionales y proteínas reguladoras unidas a la cromatina. La cromatina es una estructura única compuesta de proteínas y ácidos nucleicos que se empaquetan firmemente dentro del núcleo eucariótico. Los principales componentes proteicos de la cromatina son las histonas, cuyas modificaciones postraduccionales han sido establecidas como reguladores clave de la expresión génica. Se denomina "cromatoma" al proteoma unido a la cromatina, que incluye las proteínas encargadas de regular la estructura tridimensional de las fibras

Departamento de Biología Experimental, Facultad de Ciencias Experimentales, Universidad de Jaén, Campus Las Lagunillas, 23071, Jaén, España. Departamento de Biología Experimental.
* aggodino@ujaen.es
* ORCID: 0000-0002-7389-1372

de cromatina, así como la correcta transcripción génica, además de la replicación del DNA y la integridad genómica. El cromatoma comprende proteínas diversas con distintos dominios funcionales, interacciones, actividades enzimáticas, isoformas y/o modificaciones postraduccionales (*post translational modifications* (PTMs)) (Espejo *et al.*, 2020; Khan *et al.*, 2021; Sigismondo *et al.*, 2022).

En este capítulo se describen técnicas y ejemplos de cómo la proteómica ha servido para avanzar en el conocimiento del proceso de transcripción, fase inicial de la expresión génica.

2 PROTEINAS IMPLICADAS EN LA REGULACIÓN DE LA TRANSCRIPCIÓN

El material hereditario o DNA contiene la información necesaria para el funcionamiento celular, así como para el desarrollo y funcionamiento de cualquier organismo vivo. El conocido como dogma central de la biología molecular establece un flujo lineal de información desde los genes (DNA) a una copia de RNA mensajero (mRNA) que se usa como molde para la síntesis de las proteínas, que son, en última instancia, las encargadas de realizar las funciones celulares. Si bien este flujo de información se ha dividido tradicionalmente en varias etapas que comprenden la síntesis o transcripción, procesamiento, exporte al citoplasma (en eucariotas), traducción y degradación del mRNA, estudios recientes describen la expresión génica como un único proceso circular altamente regulado y coordinado donde unas etapas influyen en otras para mantener los niveles apropiados de mRNA (Harel-Sharvit *et al.*, 2010; Choder, 2011; Shalem *et al.*, 2011; Dahan and Choder, 2013; Haimovich *et al.*, 2013; Pérez-Ortín *et al.*, 2013). Así, proteínas que participan en la síntesis del mRNA pueden influir en la degradación del mismo (revisado en Garrido-Godino *et al.*, 2022a). De la misma manera, proteínas implicadas en la degradación citoplasmática del mRNA pueden actuar como reguladores de su síntesis durante la transcripción (Haimovich *et al.*, 2013; Medina *et al.*, 2014; Laribee *et al.*, 2015; Begley *et al.*, 2019; Jiang *et al.*, 2019; Fischer *et al.*, 2020; Begley *et al.*, 2021).

La transcripción es el primer paso de la expresión génica y ha sido tradicionalmente uno de los procesos celulares más estudiados en todo el mundo. Concretamente, se conoce como transcripción al proceso por el cual se sintetizan moléculas de RNA usando como molde una molécula de DNA. Como consecuencia de ello se obtiene una molécula de RNA de secuencia complementaria a una de las dos cadenas de la doble hélice del DNA, denominada hebra molde.

En organismos eucariotas, así como en arqueas, bacterias, cloroplastos, mitocondrias y en algunos virus de DNA núcleo-citoplasmáticos, la transcripción es llevada a cabo por RNA polimerasas (RNA pols) heteromultiméricas dependientes de DNA que funcionan asociadas a una compleja red de proteínas adicionales (Tabla 1). Los organismos procariotas poseen una única RNA pol formada por 5 subunidades (ααββ'ω) mientras que, en eucariotas, existen tres RNA polimerasas distintas (5 en plantas), que son específicas para la síntesis de diferentes tipos de transcritos (Haag y Pikaard, 2011; Barba-Aliaga *et al.*, 2021). Concretamente, la RNA polimerasa I (RNA pol I) está formada por 14 subunidades y sintetiza el RNA policistrónico 35S (rRNA 35S) que codifica tres de los cuatro RNA ribosómicos (rRNA) en eucariotas, siendo la primera etapa en la biogénesis de los ribosomas y un punto clave en la regulación del crecimiento celular (Moss *et al.*, 2007). La RNA pol II (formada por 12 subunidades) es la enzima responsable de la síntesis de todos los RNA mensajeros (mRNA) de la célula, además de otros pequeños RNAs no codificantes como los snRNA, snoRNA y miRNA, entre otros. Por último, la RNA polimerasa III (RNA pol III) está compuesta de 17 subunidades y produce muchos RNAs pequeños y estables, incluyendo los RNAs transferentes (tRNA), el rRNA 5S y un conjunto de pequeños RNAs no traducidos que tienen importantes funciones en la regulación de la expresión génica (Dieci *et al.*, 2007; Tuck y Tollervey, 2011; Dieci *et al.*, 2012; Barba-Aliaga *et al.*, 2021).

La transcripción en organismos eucariotas es un mecanismo altamente regulado donde cada una de las tres RNA polimerasas funciona asociada a una compleja maquinaria transcripcional. Concretamente, la maquinaria transcripcional de la RNA pol II es la más compleja de las tres RNA pols incluyendo factores generales de transcripción (GTFs), mediador, coreguladores, activadores y represores específicos (Tabla 1), lo que implica que sea la más estudiada de las tres RNA pols eucariotas (revisado en Venters y Pugh, 2009; Hahn y Young, 2011; Shandilya y Roberts, 2012; Svetlov y Nudler, 2013). La transcripción mediada por la RNA pol II se divide en tres fases principalmente en las que participan multitud de proteínas reguladoras. Estas etapas se corresponden con la formación del complejo de preiniciación (PIC), la elongación y la terminación de la transcripción, que implica el corte y poliadenilación del transcrito naciente así como la liberación de la enzima. La adición de la caperuza en 5' del mRNA (*capping*) así como el corte y empalme (*splicing*) del transcrito naciente se producen, además, de manera cotranscripcional (Shandilya y Roberts, 2012; Bentley, 2014; Bharati *et al.*, 2016; Wallace y Beggs, 2017; Geisberg *et al.*, 2020; Kachaev *et al.*, 2020).

La RNA pol II no solo es la enzima encargada de la transcripción del mRNA sino que actúa como coordinador central de los procesos cotranscripcionales. Así, la RNA pol II se asocia con una gran cantidad de enzimas y factores de unión a RNA (*RNA binding proteins*- RBPs) a través del dominio carboxilo terminal (*Carboxi-terminal domain*- CTD) de su subunidad mayor, Rpb1. El CTD es un dominio largo y flexible que presenta una región de repeticiones en tándem de una secuencia consenso ($Y_1S_2P_3T_4S_5P_6S_7$). El número de repeticiones de este heptapéptido se incrementa generalmente con la complejidad del organismo, siendo 26 en levaduras y 52 repeticiones en células humanas. Este dominio CTD sufre una serie de modificaciones postraduccionales a lo largo del ciclo de transcripción que son la clave para su función y que se conocen como el Código del CTD. La modificación

Proteínas reguladoras de la transcripción	**Factores generales de transcripción (GTFs)** · SL1/TIF1B/factor central, TIF1A/rRn3 y UBF/UAF (~6 polipéptidos) (Transcripción mediada por la RNA pol I) · TFIIA, TFIIB,TFIID, TFIIE, TFIIF y TFIIH (32 polipéptidos) (Transcripción mediada por la RNA pol II) · TFIIIA, TFIIIB y TFIIIC (10 polipéptidos) (Transcripción mediada por la RNA pol III) **Factores de transcripción específicos** · Controlan procesos de tipos celulares específicos (por ejemplo, ESR1 en líneas celulares humanas de mama y endometrio (Gertz *et al.*, 2012)). Se han identificado 1.600 factores de transcripción específicos en células humanas (Lambert *et al.*,2018). **Cofactores** · Mediador (25 subunidades en levaduras / 30 subunidades en humanos) · SAGA (18-20 subunidades) **Factores de elongación** · DSIF, PAF complex, NELF, TFIIS, etc. (15 en levaduras, 23 en humanos) **Remodeladores de cromatina** · Familia SWI/SNF (diversos complejos de 9–12 subunidades) · Familia INO80/SWR1 (diversos complejos) · Familia ISWI y familia CHD (diversos complejos) · Otras ATPasas de tipo Snf2 como Fun30/SMARCAD1, ALC1, MOT1, ATRX o RAD54 **Modificadores del código de histonas** · Quinasas, fosfatasas, acetilasas, deacetilasas, ubiquitilasas, deubiquitilasas, metilasas... **Modificadores del código de CTD de la RNA pol II** · Quinasas, fosfatasas, isomerasas ... **Proteínas implicadas en procesos cotranscripcionales y ciclo de vida del mRNA** *(capping, splicing,* poliadenilación...)*

Tabla 1.
Proteínas implicadas en la regulación de la transcripción.

postraduccional del CTD más estudiada es la fosforilación, aunque también sufre isomerización y en eucariotas superiores puede ser glicosilado, metilado y ubiquitilado (Kelly *et al.*, 1993; Comer y Hart, 2001; Li *et al.*, 2007; Lu *et al.*, 2007; Sims *et al.*, 2011; Ranuncolo *et al.*, 2012; Singh *et al.*, 2022). Las modificaciones dinámicas del CTD realizadas por quinasas, fosfatasas, isomerasas y otras enzimas, no solo alteran la estructura química del CTD sino que enriquecen o restringen la variabilidad conformacional del dominio, lo que afecta al reconocimiento por otros factores (Jasnovidova and Stefl, 2013) y, en última instancia, a la regulación de la expresión génica.

El proceso de transcripción en organismos eucariotas está influenciado, además, por la estructura de la cromatina, que, a su vez, depende de la organización de los nucleosomas y de las modificaciones postraduccionales de las histonas. Por tanto, son necesarios complejos proteicos como los remodeladores de cromatina y las chaperonas de histonas que usan la energía del ATP para ensamblar, desensamblar o reestructurar los nucleosomas durante el proceso de transcripción (Spain y Govind, 2011; Petty y Pillus, 2013; Längst y Manelyte, 2015).

De acuerdo con todo lo descrito, el número de proteínas implicadas en la regulación de la transcripción, así como en otras etapas de la expresión génica que ocurren de manera coordinada, es tan elevado que resulta difícil de abordar usando únicamente técnicas tradicionales de biología molecular (Tabla 1). En los últimos años, la proteómica y los enfoques complementarios de espectrometría de masas estructural se han ido desarrollando a un ritmo acelerado, permitiendo profundizar en el estudio de la expresión de los genes. En este capítulo analizaremos algunos ejemplos de estudios proteómicos que han permitido avanzar en el conocimiento de diferentes aspectos de la regulación de la transcripción.

3   "CROMATOMA", EL PROTEOMA DE LA CROMATINA

En organismos eucariotas, la cromatina es una compleja asociación de DNA empaquetado con proteínas que cumplen funciones importantes en diversos procesos celulares. La unidad fundamental de la cromatina es el nucleosoma, que está compuesto por 147 pb de DNA genómico enrollado alrededor de un octámero compuesto por dos copias de las histonas H2A, H2B, H3 y H4 (Kornberg, 1974). La distancia entre nucleosomas está regulada por la histona enlazadora H1, que es la responsable de la condensación de la cromatina. Existen, además, otras variantes de histonas que contribuyen a la composición de la cromatina, como Htz1 en levaduras o H2A.Z en células de mamíferos (Boulard *et al.*, 2007). El plegamiento y empaquetamiento de la cromatina tienen un fuerte impacto en la regulación de procesos biológicos. Concretamente, la elongación de la transcripción mediada por la RNA pol II está influenciada por la estructura de la cromatina y, por ello, por la organización de los nucleosomas y las modificaciones postraduccionales de las histonas (Spain y Govind, 2011; Petty y Pillus, 2013). Las células usan enzimas remodeladoras de cromatina que utilizan la energía del ATP para ensamblar, desalojar, deslizar o reestructurar los nucleosomas con objeto de regular la expresión génica (Längst y Manelyte, 2015). La cromatina interacciona, además, con otros componentes nucleares implicados en diversos mecanismos celulares como la replicación del DNA, la transcripción o la reparación del DNA, entre otros. Los avances alcanzados por las técnicas proteómicas y su posterior análisis han permitido avanzar en el estudio de los complejos proteicos asociados con la cromatina y profundizar en el conocimiento de diversos procesos celulares, incluida la transcripción. Sin embargo, debido a su gran tamaño y su carga, la cromatina precipita normalmente durante las preparaciones de extractos celulares. Los macrocomplejos formados por proteínas y DNA son normalmente insolubles, por lo que se han desarrollado métodos basados en el fraccionamiento celular o en la fragmentación de la cromatina para poder solubilizarlos y maximizar la recuperación de proteínas asociadas al DNA (Liang y Stillman, 1997; Lambert *et al.*, 2009; Hierlmeier *et al.*, 2013; Bruckmann *et al.*, 2016).

3.1 Estudio de cromatomas en *Saccharomyces cerevisiae*

En 2010, Castillo Osterreich y colaboradores desarrollaron un método para aislar cromatina en la levadura *Saccharomyces cerevisiae (S. cerevisiae)* sin necesidad de un fraccionamiento celular previo. El objetivo del estudio era analizar el RNA naciente puesto que el complejo ternario formado por el DNA genómico, la RNA pol II y el RNA naciente es resistente a altas concentraciones de detergentes, sales, polianiones y agentes caotrópicos, permitiendo lavados rigurosos de la fracción cromatínica. Las proteínas asociadas a la cromatina resultante fueron analizadas mediante espectrometría de masas (MS), confirmándose el enriquecimiento en histonas, RNA polimerasas y factores remodeladores de cromatina. Para analizar los transcritos nacientes, llevaron a cabo una purificación del RNA a partir de las fracciones cromatínicas y eliminaron el mRNA poliadenilado contaminante mediante cromatografía de afinidad con una resina de oligo(dT) sefarosa. El RNA resultante fue sometido a secuenciación masiva. Usando esta metodología pudieron determinar que el *splicing* del transcrito ocurre de manera cotranscripcional para la mayoría de los genes que contienen intrones en *S. cerevisiae* (Carrillo Oesterreich *et al.*, 2010).

En 2019, Cuevas-Bermúdez y colaboradores publicaron un nuevo método de aislamiento de fracciones cromatínicas de levadura, denominado yChEFs (*yeast Chromatin Enriched Fractions*), basado en la técnica descrita anteriormente, con algunas modificaciones. Mediante el uso de esta metodología, se aislaron fracciones de cromatina de la levadura *S. cerevisiae* que fueron posteriormente sometidas a espectrometría de masas. Como resultado, seleccionaron 752 proteínas que definieron como el "proteoma asociado a la cromatina de *S. cerevisiae*" entre las que se encontraban algunas previamente caracterizadas como proteínas de baja abundancia celular. Entre las categorías funcionales relacionadas con las proteínas aisladas se encontraron procesos asociados con procesamiento de RNA, organización de la cromatina, organización cromosómica y regulación de la transcripción, entre otros. El tratamiento con RNasa del extracto celular previo al aislamiento de la cromatina permitió determinar el "proteoma asociado a la cromatina dependiente de RNA", seleccionando aquellas proteínas cuya abundancia era, al menos, 2 veces inferior en las muestras tratadas con RNasa que en la muestra control. De este modo, se identificaron 500 proteínas como proteoma asociado a la cromatina dependiente de RNA implicadas en los procesos biológicos de procesamiento y corte del RNA, transcripción, metabolismo de ncRNAs, nucleosomas y modificaciones de cromatina (Cuevas-Bermúdez *et al.*, 2019; Cuevas-Bermúdez *et al.*, 2020). El uso de esta metodología para el aislamiento de fracciones enriquecidas en cromatina en trabajos posteriores ha permitido avanzar en el estudio de diferentes campos de la regulación de la transcripción génica. Por ejemplo, esta técnica ha sido esencial para llevar a cabo estudios relacionados con el ensamblaje de la RNA pol II, como es el caso del trabajo que ha permitido determinar el papel de la fosfatasa Rtr1 en el ensamblaje de la subunidad Rpb4 en el complejo de la RNA pol II, proteína necesaria para la transcripción, transporte de los mRNAs al citoplasma, traducción y degradación de mRNAs (Garrido-Godino *et al.*, 2022b). Otro ejemplo del uso del método yChEFs es el que permitió demostrar la asociación a la cromatina de la proteína de unión a mRNA, Puf3, implicada en la regulación de la estabilidad de mRNAs codificantes de proteínas mitocondriales, interacción mediada por la subunidad Rpb4 de la RNA pol II (Garrido-Godino *et al.*, 2021a).

3.2 Estudio de modificaciones postraduccionales de las histonas (hPTMs)

La cromatina es una estructura muy dinámica, ya que las histonas se modifican mediante la adición de modificaciones postraduccionales (PTM) (p. ej., fosforilación, acetilación, metilación, ubiquitilación, SUMOilación, N-glicosilación, ADP-ribosilación...), que pueden alterar la accesibilidad del DNA o actuar como sitios de reclutamiento de otras proteínas, estableciéndose así el llamado "código de las histonas" (Kouzarides, 2007). Estas modificaciones están reguladas por gran cantidad de enzimas que añaden, reconocen o eliminan estas marcas. Se han establecido funciones o actividades celulares específicas asociadas a multitud de modificaciones de histonas en diversos organismos (Zhao y García, 2015), mientras que la función de otras hPTMs sigue pendiente de elucidarse (Chan y Maze, 2020). Por ejemplo, la acetilación de histonas neutraliza las cargas positivas de residuos de lisinas para promover un estado de cromatina relajada que se asocia con genes activamente transcritos. Por su parte, la fosforilación y ADP-ribosilación proporcionan cargas negativas a los residuos modificados para perder la conformación de la cromatina durante la reparación del daño del DNA. Por otro lado, la metilación de residuos de arginina y lisina actúan como sitios de acoplamiento para enzimas reguladores de cromatina con función durante la transcripción (revisado en Sigismondo *et al.*, 2022). Algunos ejemplos de modificaciones de histonas descritas en la levadura *S. cerevisiae* se resumen en la tabla 2.

Las modificaciones postraduccionales de las histonas (hPTM) operan en conjunto, son interdependientes entre sí y tienen una naturaleza altamente dinámica, lo que hace de su análisis un reto difícil pero necesario para comprender cómo dichas modificaciones pueden mediar en las funciones celulares.

El análisis de hPTMs requiere del aislamiento de las histonas, que se resuelven normalmente por SDS-PAGE o cromatografía líquida. La

Histona	Modificación	Residuo	Función
H2A	Acetilación	K5 K7	Activación transcripcional Activación transcripcional
	Metilación	Q105	Expresión de genes ribosómicos
	SUMOliación	K126	Represión transcripcional. Bloquea la acetilación y ubiquitilación de histonas
	Fosforilación	S121 T125 S128	Respuesta a daño del DNA Respuesta a daño del DNA. Silenciamiento telomérico Respuesta a daño del DNA. Silenciamiento telomérico
H2B	SUMOliación	K16 K17	Represión génica Represión génica
	Fosforilación	S10	Apoptosis
	Ubiquitilación	K123 K34	Silenciamiento telomérico reduciendo la metilación de la histona H3 en los residuos K4 y K79 Activación transcripcional
H3	Acetilación	K4 K9, K14, K18, K23 K27 K36 K56	Activación transcripcional en algunos promotores Activación transcripcional Función potenciadora de la expresión génica Marca de promotor en genes activos Activación transcripcional. Daño en el DNA
	Metilación	K4 K36 K79	Silenciamiento rDNA/telómero Represión génica Silenciamiento telomérico. Punto de control de paquitene. Respuesta al daño en el DNA
	Isomerización	P38	Expresión génica
	Fosforilación	S10 T45	Activación transcripcional. Condensación del cromosoma mitótico Replicación del DNA. Apoptosis
H4	Acetilación	K5 K12	Progresión del ciclo celular Progresión mitótica y meiótica
	Metilación	R3 K8, K12 K59	Activación transcripcional Respuesta a estrés Silenciamiento de cromatina
	Fosforilación	S1	Respuesta al daño en el DNA

TABLA 2.
Ejemplos de funciones descritas asociadas a distintas modificaciones postraduccionales de las histonas (Chan y Maze, 2020; Zhao y García, 2015).

detección de hPTMs se puede llevar a cabo mediante el uso de anticuerpos específicos para cada modificación. Sin embargo, las histonas comparten secuencias repetidas, están altamente modificadas y el mismo residuo puede presentar diferentes modificaciones. Estas características incrementan la posibilidad de que el anticuerpo sufra reactividad cruzada entre hPTMs del mismo residuo (p. ej., di-/tri-metilación) o entre la misma modificación en diferentes sitios (tri-metilación en H3K9, H3K27 o H3K36). Además, la presencia de modificaciones adyacentes a la hPTM diana puede enmascarar el epítopo reduciendo la afinidad de unión del anticuerpo. A pesar de todo ello, el enriquecimiento de hPTMs basado en el uso de anticuerpos ha sido ampliamente utilizado para la caracterización funcional de un alto número de modificaciones de histonas y ha permitido la producción de una base de datos con más de 100 anticuerpos específicos para hPTMs (Rothbart *et al.*, 2015).

El uso de espectrometría de masas para caracterizar las modificaciones postraduccionales, en general, y las hPTMs, en particular, es ideal debido a que detecta cualquier tipo de modificación, puede identificar el péptido que se modifica y determinar la localización del sitio de modificación. Además, puede discriminar modificaciones (idénticas o diferentes) que ocurren en el mismo péptido. Además, el uso de métodos de espectrometría de masas comparativa permite cuantificar las diferencias en la estequiometría de PTM en diferentes condiciones. De hecho, la espectrometría de masas ha sido el método de elección para confirmar la presencia de modificaciones conocidas, y para descubrir muchas nuevas (revisado en Sigismondo *et al.*, 2022).

Un ejemplo del uso de la proteómica para la identificación de hPTMs se describe en el trabajo de Mahrez *et al.*, 2016. En este estudio, un extracto de histonas de coliflor fue separado por HPLC y la fracción correspondiente a la histona H3 fue sometida a espectrometría de masas con objeto de identificar las posibles hPMTs presentes. Los datos se analizaron con el motor de búsqueda MASCOT para la identificación de proteínas y modificaciones postraduccionales, con énfasis en la acetilación y la metilación. Muchas de las modificaciones encontradas estaban conservadas en *Arabidopsis thaliana*, identificándose, además, la acetilación H3K36ac, previamente descrita en mamíferos y levaduras, como una nueva modificación de la histona H3 en plantas. Experimentos adicionales demostraron que la acetilación H3K36ac está presente en eucromatina, en los dos primeros nucleosomas de genes transcripcionalmente activos y se determinó que la enzima responsable de la acetilación del residuo K36 en *Arabidopsis* es *GCN5* (Mahrez *et al.*, 2016).

Por tanto, el desarrollo de técnicas proteómicas ha supuesto un gran avance en el estudio de procesos relacionados con la cromatina, bien para la determinación de su composición proteica, bien para identificar posibles modificaciones de las proteínas que la componen.

4 MÉTODOS PROTEÓMICOS BASADOS EN LA INTERACCIÓN PROTEÍNA-PROTEÍNA

Durante el ciclo de transcripción tiene lugar una gran cantidad de interacciones proteína-proteína para llevar a cabo la regulación de la iniciación, elongación y terminación de la transcripción, así como para coordinar otras etapas de maduración de los transcritos. Para abordar estudios en estos procesos, han sido de gran importancia los métodos proteómicos basados en la purificación por afinidad seguida de espectrometría de masas (AP-MS) (Figura 1). El fundamento de estos métodos está en la purificación cromatográfica por afinidad de la proteína de interés (conocida como "cebo"), bien mediante el uso de anticuerpos específicos frente a la proteína diana y/o mediante la adición de una etiqueta o *tag* a dicha proteína. Las etiquetas de afinidad suelen ser pequeñas secuencias de aminoácidos que se traducen fusionadas a la proteína diana y permiten su detección. Existen multitud de etiquetas (p. ej., TAP-Tag, FLAG-Tag, GFP-Tag, His-Tag, GST-Tag, HA-Tag, …) que permiten la purificación de proteínas recombinantes mediante el uso de resinas o anticuerpos específicos. Un ejemplo es el método TAP (Tandem Affinity Purification) que ha sido ampliamente usado en levaduras y células de mamífero para caracterizar el mapa de interacción de proteínas y complejos implicados en varios procesos celulares.

En estos métodos, la proteína diana etiquetada es purificada cromatográficamente y el producto de la purificación se somete a espectrometría de masas para la identificación de aquellas proteínas que interaccionan con la misma (conocidas como proteínas "presa"). Las condiciones bioquímicas de la purificación (p. ej., la concentración salina) pueden modularse para determinar el grado de interacción de las proteínas que copurifican con la proteína cebo. El resultado de la espectrometría de masas es una lista de proteínas con un *score* determinado atribuido por *software* específico como MASCOT o SEQUEST. Los métodos de alto rendimiento para la identificación de interacciones proteína-proteína basados en AP-MS cuando se combinan con análisis bioinfomáticos complejos permiten el desarrollo de mapas de interacción de proteínas en diferentes organismos y condiciones experimentales (Krogan *et al.*, 2006; Saettone *et al.*, 2019) (Figura 1). Si bien los complejos proteicos purificados mediante cromatografía de afinidad pueden ser analizados mediante espectrometría de masas para la identificación de interacciones entre proteínas, es muy común el análisis de complejos de manera dirigida usando técnicas clásicas como la electroforesis SDS-PAGE seguida de *western-blot*, usando anticuerpos específicos.

La naturaleza de las interacciones proteína-proteína durante el ciclo de transcripción puede ser lábil en determinadas circunstancias, lo que puede hacer que resulte difícil distinguir aquellas proteínas que interaccionan con la proteína diana de las proteínas contaminantes. Además, diferentes condiciones experimentales pueden alterar la composición de los complejos proteicos. En este sentido, ha sido de

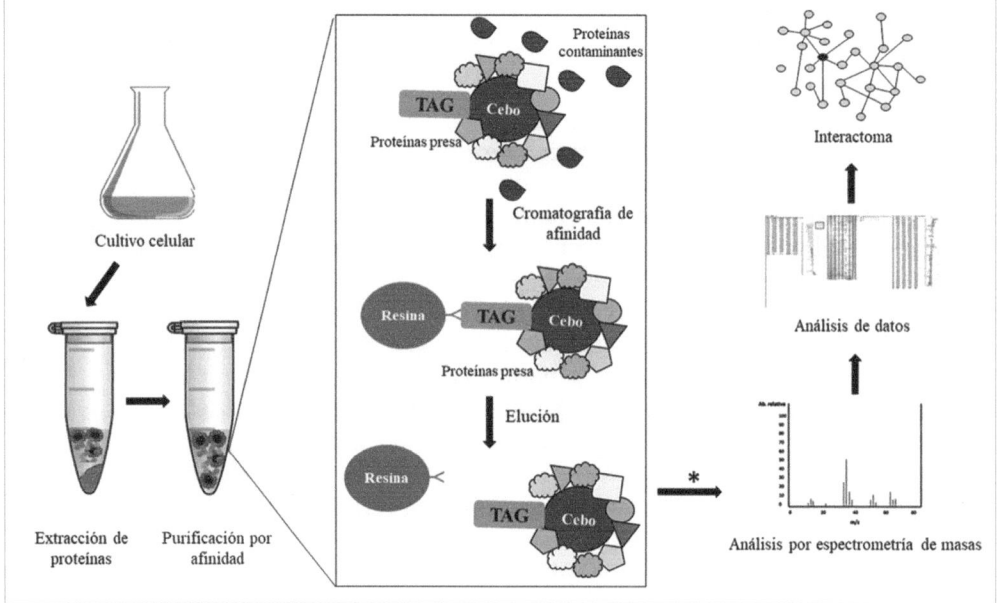

Figura 1.
Ejemplo esquemático de un protocolo de purificación por afinidad seguida de espectrometría de masas. * Después de la purificación de los complejos proteicos, las proteínas deben ser digeridas con tripsina para su posterior análisis mediante espectrometría de masas. En caso de utilizar un método de espectrometría de masas cuantitativa, los péptidos resultantes de la digestión se someten a un marcaje específico en esta etapa.

gran utilidad los métodos de espectrometría de masas comparativa o cuantitativa. Un ejemplo de ello es la tecnología iTRAQ (*isobaric tags for relative and absolute quantitation*) que utiliza etiquetas isobáricas para marcar las aminas primarias de péptidos y proteínas de diferentes muestras previamente digeridas. Los péptidos resultantes en cada condición experimental se etiquetan con un marcador diferente. Puesto que las etiquetas son isobáricas, y de peso molecular conocido, no influyen en la determinación de la masa de los péptidos analizados. Después, las distintas muestras se mezclan, se separan comúnmente por cromatografía líquida y se analizan mediante espectrometría de masas en tándem (MS/MS). Las etiquetas isobáricas N-terminales se ionizan y su abundancia relativa permite la cuantificación relativa de cada péptido entre los distintos grupos de estudio. Además del iTRAQ, existen otros métodos de marcaje que permiten la cuantificación de los niveles de acumulación de proteínas en diferentes condiciones experimentales como por ejemplo ICAT (Isotope-coded Affinity Tag) o SILAC (Stable Isotope Labeling by/with Amino acids in Cell culture). El uso de técnicas proteómicas cuantitativas se ha visto apoyado por el desarrollo de herramientas computacionales que ayudan a distinguir las interacciones proteicas reales de aquellas que pudieran ser contaminantes (CRAPome, Significant Analysis of Interactome (SAINT) y COMPASS (Coon OMSSA Proteomic Analysis Software Suite)) (Choi *et al.*, 2011; Wenger *et al.*, 2011; Mellacheruvu *et al.*, 2013).

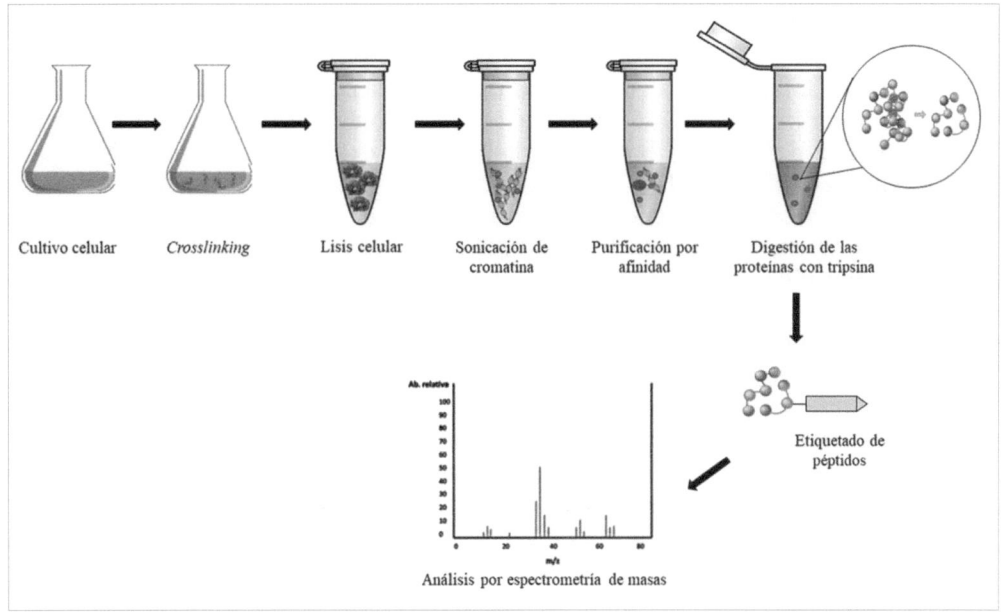

Figura 2.

Esquema simplificado de la técnica Proteom-ChIP para el estudio de complejos proteicos unidos a la cromatina (Hierlmeier *et al.*, 2013).

Se han desarrollado numerosos estudios a gran escala basados en AP-MS en diversos organismos como *S. cerevisiae* y células humanas, entre otros, mejorando el conocimiento de las interacciones proteína-proteína existentes entre miles de proteínas celulares. Concretamente, el conocimiento de procesos relacionados con la cromatina, como la transcripción, se ha visto impulsado por el desarrollo de estas metodologías. Si bien la mayoría de los estudios se han centrado en complejos proteicos extraídos de la fracción soluble del núcleo o de la célula completa, existen métodos específicos basados en la purificación de complejos proteicos que se localizan en el contexto de la cromatina. Algunos ejemplos son el mChIP (*modified chromatin immunopurification*) y el Proteom-ChIP que consisten en la purificación por afinidad de proteínas asociadas a la cromatina que han sido previamente unidas covalentemente al DNA mediante la adición de formaldehído *in vivo*. Posteriormente, la cromatina se fragmenta por sonicación, lo que da lugar a la solubilización de los complejos proteicos que se purifican posteriormente por afinidad para su análisis posterior por espectrometría de masas (Figura 2). De este modo se consigue incrementar la detección de proteínas difíciles de purificar (Lambert *et al.*, 2009; Lambert *et al.*, 2010; Hierlmeier *et al.*, 2013; Bruckmann *et al.*, 2016).

4.1 Análisis proteómico de los complejos de RNA pol II

La RNA pol II produce todos los mRNA de la célula, así como muchos RNA no codificantes. Está formada por 12 subunidades denominadas Rpb1-Rpb12 donde solo las subunidades Rpb4 y Rpb9 son dispensables para la viabilidad celular. Las subunidades Rpb4 y Rpb7 forman un dímero disociable que puede interaccionar con el mRNA de nueva síntesis y acompañarlo durante todo su ciclo de vida regulando procesos como la traducción y la degradación de los transcritos diana (revisado en Garrido-Godino *et al.*, 2022a). Además, la subunidad mayor de la RNA pol II, Rpb1, posee un dominio carboxilo terminal (CTD) compuesto por una serie de repeticiones en tándem de un heptapéptido que sufre diferentes modificaciones postraduccionales durante el ciclo de transcripción y que es esencial para la regulación de la misma (Singh *et al.*, 2022).

En el caso de la transcripción mediada por la RNA pol II, diversas aproximaciones proteómicas basadas en AP-MS han permitido profundizar en las interacciones proteína-proteína entre la RNA pol II y otras proteínas implicadas tanto en el proceso de transcripción por sí mismo, como en la biogénesis de la enzima y el transporte al núcleo de la misma.

En 2007, Jerónimo y colaboradores (Jeronimo *et al.*, 2007) desarrollaron un mapa de interacción de la RNA pol II en células humanas. Para ello, usaron varias subunidades de la RNA pol II, así como factores basales de transcripción unidos a una etiqueta TAP, y los purificaron por afinidad. Los complejos resultantes se analizaron por cromatografía líquida seguida de espectrometría de masas en tándem (LC-MS/MS). Las proteínas identificadas como proteínas asociadas a estos elementos, incluyendo factores de procesamiento del RNA, fueron también etiquetadas y sometidas al mismo procedimiento. De esta manera determinaron la red de interacción de los complejos proteicos incluyendo la RNA pol II, factores de transcripción y factores de procesamiento del RNA. Curiosamente, este mapa de interacción reveló la existencia de cuatro polipéptidos de función desconocida que, debido a su asociación con la RNA pol II, fueron denominados RPAP1, RPAP2, RPAP3 y RPAP4 (*RNA Polymerase-associated proteins*) (Jeronimo *et al.*, 2004; Jeronimo *et al.*, 2007). Diversos trabajos posteriores, muchos de ellos proteómicos, determinaron que estas proteínas de función desconocida, así como sus homólogos en levaduras, tenían importantes funciones durante el ensamblaje de la RNA pol II, así como durante la transcripción mediada por dicha enzima. Concretamente, la proteína RPAP1 se requiere para la transcripción de genes implicados en el desarrollo y la identidad celular, siendo esencial para la interacción de la RNA pol II con el complejo mediador y participando además en la biogénesis de la RNA pol II (Lynch *et al.*, 2018; Zeng *et al.*, 2018; Liu *et al.*, 2020). Por otro lado, tanto la proteína RPAP2, como su ortólogo Rtr1, se han descrito como fosfatasas que defosforilan el Rpb1-CTD fosforilado en las serinas en posición 5 durante el ciclo de transcripción (Mosley *et al.*, 2009; Egloff *et al.*, 2012b; Hsu *et al.*, 2014) y tienen funciones en el ensamblaje y/o transporte de la RNA pol II al núcleo (Forget *et al.*, 2013; Garrido-Godino *et al.*, 2022b). Por último, RPAP3 y RPAP4, han sido descritas como factores implicados en el ensamblaje del complejo RNA pol II (Boulon *et al.*, 2010; Forget *et al.*, 2010; Carre y Shiekhattar, 2011; Staresincic *et al.*, 2011; Liu *et al.*, 2020; revisado en Garrido-Godino *et al.*, 2021b).

En 2010, Boulon y colaboradores usaron una aproximación proteómica cuantitativa para caracterizar cambios en los complejos de RNA pol II en ausencia y presencia de α-amanitina (RNA pol II nuclear y activa o citoplasmática e inactiva, respectivamente). Para ello, purificaron por afinidad la subunidad Rpb3 de la RNA pol II unida a la etiqueta GFP en las distintas condiciones y caracterizaron las proteínas asociadas mediante espectrometría de masas. Según este estudio pudieron determinar que el complejo de la RNA pol II se disociaba, en el núcleo, tras bloqueo de la enzima y propusieron que su entrada al núcleo se llevaba a cabo cuando el complejo se encontraba completamente ensamblado. Además, caracterizaron multitud de factores implicados en el ensamblaje del complejo. En este estudio, se estableció la proteína humana URI como un componente del complejo HSP90/R2TP implicado en la biogénesis de las RNA polimerasas (Boulon *et al.*, 2010). Un estudio posterior llevado a cabo con la prefoldina-*like* Bud27, proteína ortóloga de URI en levaduras, en el que utilizaron igualmente estrategias proteómicas, demostró que Bud27 se unía físicamente a las tres RNA polimerasas y participaba en su ensamblaje (Mirón-García *et al.*, 2013; revisado en Garrido-Godino *et al.*, 2021b).

Los mapas de interacción desarrollados por Jeronimo y colaboradores en 2007 y por Boulon y colaboradores en 2010, así como todos los estudios posteriores que se derivaron de los mismos, constituyen claros ejemplos de cómo la proteómica puede contribuir al conocimiento de la regulación de la transcripción, así como a la identificación de nuevas proteínas e interacciones.

4.2 Estudio de modificaciones postraduccionales del CTD de la RNA pol II

El dominio carboxilo terminal (CTD) de la subunidad mayor de la RNA pol II, Rpb1, es conocido por ser un regulador esencial de la transcripción y su deleción no es compatible con la vida (Nonet *et al.*, 1987). La fosforilación del CTD genera un código selectivo (ver apartado II) para la unión de factores de transcripción y de proteínas encargadas de la regulación del procesamiento del RNA naciente, así como de la estructura de la cromatina durante la elongación de la transcripción (Egloff *et al.*, 2012a) (Figura 3A). Además de fosforilarse, el CTD puede sufrir isomerización, glicosilación, metilación y ubiquitilación. Puesto que el CTD está compuesto por repeticiones en tándem de un heptapéptido, que cada una de las repeticiones puede modificarse en distintos residuos y que diversas proteínas pueden unirse a más de una repetición, la complejidad teórica del "código del CTD" es inmensa. La decodificación de toda la gama de modificaciones postraduccionales del CTD nativo en los sistemas eucarióticos, así como la caracterización de las proteínas que interaccionan con el CTD en cada

135

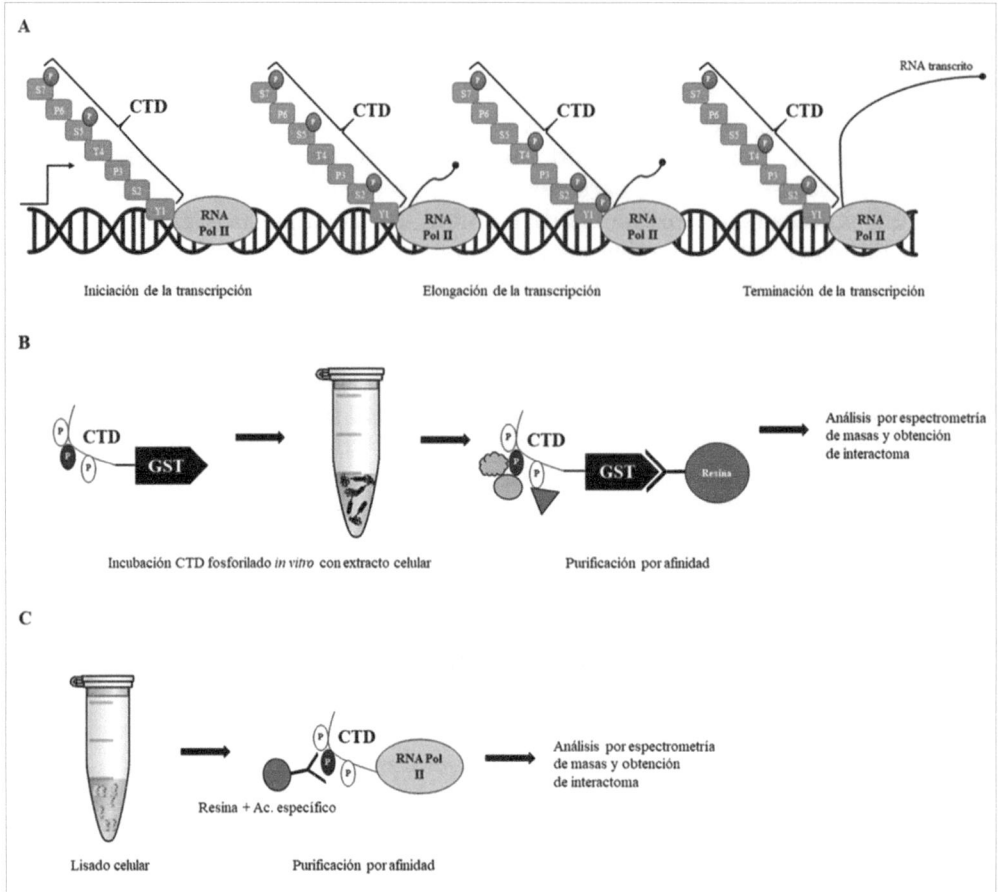

FIGURA 3.
Estudio proteómico del domino carboxilo terminal, CTD, de la RNA pol II. A) Esquema del código de fosforilación del CTD durante el ciclo de transcripción. Durante la iniciación de la transcripción el CTD de la RNA pol II se fosforila en los residuos Ser5 y Ser7. La fosforilación en Ser2 y Thr4 (así como la desfosforilación de Ser5) marcan el paso a la elongación activa. Durante la elongación de la transcripción, además, se produce la fosforilación de Tyr1, que decrece cuando se aproxima al sitio de terminación (Singh *et al.,* 2022). B) Esquema del estudio del interactoma fosfo-específico del CTD fosforilado *in vitro*. C) Esquema del estudio *in vivo* de las proteínas que interaccionan con el CTD en un estado de fosforilación específico.

uno de sus estados de modificación, ha sido objeto del desarrollo de gran variedad de métodos basados en estudios proteómicos y de espectrometría de masas (revisado en LeBlanc *et al.*, 2021).

Una aproximación muy utilizada para caracterizar las proteínas que interaccionan con el CTD se basa en el uso de un CTD purificado unido a una etiqueta GST y que se modifica *in vitro* en los residuos objeto de estudio. Posteriormente, este GST-CTD modificado se incuba con un lisado celular y se purifica. El resultado de la purificación se somete a espectrometría de masas para detectar aquellas proteínas celulares que han podido interaccionar con el CTD en cada uno de los estados analizados (Figura

3B). Utilizando este método, se pudo determinar que el CTD fosforilado era responsable del reclutamiento de los factores de procesamiento del RNA, así como de proteínas implicadas en la modificación de la cromatina. Además, mediante la fosforilación del CTD previa al ensayo indicado, se han podido identificar diferentes "interactomas" considerados específicos de cada una de las isoformas del CTD analizadas. Este tipo de aproximación ayuda a entender cómo las diferentes fosforilaciones del CTD reclutan proteínas específicas en diferentes etapas de la transcripción (Ebmeier *et al.*, 2017; Carty y Greenleaf, 2002). Este método ha sido también utilizado para la caracterización de una modificación postraduccional del CTD poco conocida, la glicosilación o adición de N-acetilglucosamina (O-GlcNAc). Estudios de espectrometría de masas tras la incubación del CTD purificado con O-GlcNAc-transferasa (OGT) permitieron detectar nuevas modificaciones con O-GlcNAc en los residuos de Ser2 y Ser5 del CTD. Análisis adicionales demostraron que dicha glicosilación se produce en la RNA pol II en los promotores de los genes (Lewis *et al.*, 2016).

Los estudios proteómicos basados en espectrometría de masas han ayudado a elucidar, además, los detalles de cómo los sitios de fosforilación del CTD se regulan por quinasas y fosfatasas específicas, usando aproximaciones *in vivo* e *in vitro*. (Czudnochowski *et al.*, 2012).

Finalmente, se han llevado a cabo estudios proteómicos basados en purificación de la RNA pol II con un tipo de fosforilación específica del CTD para analizar, *in vivo*, el interactoma fosfo-específico del CTD (Nemec *et al.*, 2017) (Figura 3C).

4.3 Análisis proteómico de complejos de RNA pol I

Los ribosomas son elementos esenciales para la célula por su papel en el desarrollo de la síntesis de proteínas, por lo que son los responsables del mantenimiento de los niveles celulares de proteínas. Los ribosomas se encuentran en el citoplasma de las células y están altamente conservados entre los organismos. Están compuestos por RNA ribosómico (rRNA) sintetizado por las RNA pols I y III y proteínas ribosómicas (RP). En las células eucariotas, la biogénesis de ribosomas comienza en el nucleolo y finaliza en el citoplasma y en su ensamblaje están implicadas las tres RNA polimerasas. El inicio de la biogénesis de ribosomas se produce con la síntesis de un único transcrito precursor de rRNA. La enzima responsable de la transcripción del precursor del rRNA es la RNA pol I, un complejo multiproteico formado por 14 subunidades, de las cuales 5 son comunes a las tres RNA polimerasas eucariotas (revisado en Jüttner and Ferreira-Cerca, 2022)

En 2012, Jennebach y colaboradores realizaron un estudio sobre la arquitectura de los dominios y subunidades de la polimerasa I en el organismo *S. cerevisiae*. En este estudio realizaron *crosslinking* lisina-lisina, utilizando un reactivo químico marcado para entrecruzar los residuos de lisina que se encuentran próximos estructuralmente en el complejo multiproteico (*Crosslinking*-MS). Posteriormente, se digirieron las proteínas

137

con tripsina, obteniendo péptidos que se separaron después por tamaño mediante cromatografía de exclusión molecular. La identificación de los péptidos se realizó mediante espectrometría de masas de alta resolución. Los sitios de entrecruzamiento se utilizaron para posicionar entre sí las estructuras cristalinas conocidas de distintos subcomplejos, creando un modelo estructural cristalográfico sobre la arquitectura de RNA pol I. Los resultados de este estudio confirman la ubicación de la subunidad Rpa12 y los subcomplejos proteicos Rap14/43 y Rpa49/34.5, y sugieren que la RNA polimerasa I está relacionada evolutivamente con el complejo parcial RNA pol II-TFIIS-TFIIF-TFIIE (Jennebach *et al.*, 2012).

En otro artículo publicado por Daiß y colaboradores en 2022, utilizaron técnicas de AP-MS para purificar la RNA pol I de células humanas. Para ello, llevaron a cabo la fusión genómica de la subunidad grande de la polimerasa con la etiqueta GFP, que fue posteriormente purificada por afinidad y analizada por espectrometría de masas. La RNA pol I purificada fue utilizada para caracterizar su actividad *in vitro* y arquitectura (Daiß *et al.*, 2022).

4.4 Proteómica de factores de transcripción y reguladores transcripcionales

Al igual que ocurre con las RNA polimerasas, la purificación por afinidad de factores de transcripción y reguladores transcripcionales es una herramienta fundamental en el estudio de la regulación de la transcripción. El uso de la técnica AP-MS ha demostrado ser de gran utilidad para caracterizar los componentes de los complejos de elongación de la RNA pol II. Para ello, algunos factores de elongación de la transcripción fueron etiquetados con una etiqueta TAP y purificados desde la levadura *S. cerevisiae* e identificados mediante espectrometría de masas. De esta manera, se describió una red de interacciones que comprendía entre 35-31 polipéptidos entre los factores de elongación de la transcripción mediada por la RNA polimerasa II (Krogan *et al.*, 2002).

Otro de los complejos ampliamente estudiado mediante AP-MS ha sido el complejo Spt-Ada-Gcn5 acetiltransferasa (SAGA), el mayor complejo coactivador de la transcripción en eucariotas. Este complejo de 1.5 MDa está conservado desde levaduras hasta humanos y desarrolla múltiples funciones durante la iniciación y elongación de la transcripción mediada por la RNA pol II: acetilación de histonas (HAT), deubiquitilación de histonas (DUB), unión de activadores e interacción con la proteína de unión a TATA (TBP). La composición de subunidades así como las interacciones entre proteínas de dicho complejo ha sido ampliamente analizado mediante técnicas proteómicas (Grant *et al.*, 1998; Han *et al.*, 2014; Adamus *et al.*, 2021).

Recientemente, Göös y colaboradores han publicado el mapa de interacción de los factores de transcripción en humanos. En dicho estudio utilizan 109 factores de transcripción humanos identificando sus interacciones proteína-proteína mediante dos técnicas proteómicas distintas: AP-MS y biotinilación dependiente de proximidad (BioID). Mediante AP-MS identificaron complejos estables entre factores de transcripción, mientras

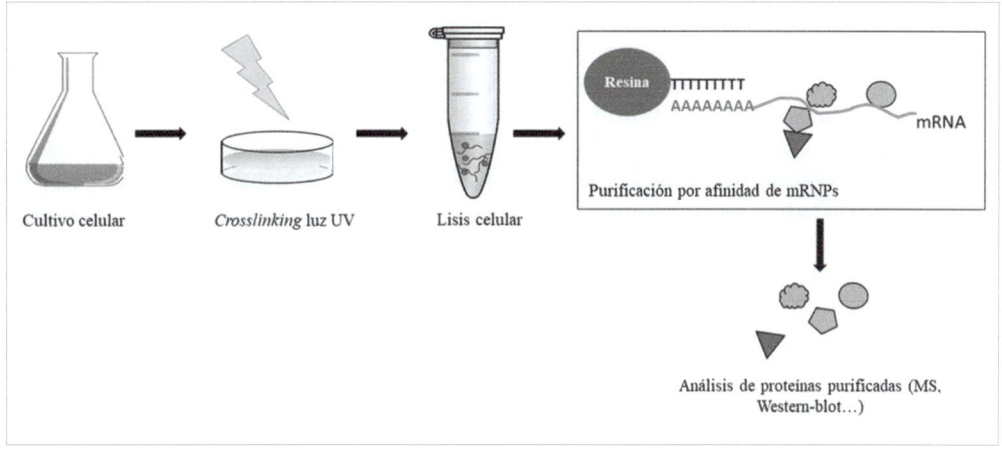

Figura 4.

Método de aislamiento y caracterización de mRNPs. Las proteínas se unen a los mRNA mediante *crosslinking* con luz UV. Posteriormente los mRNA son purificados usando una resina específica con oligo(dT) que se une a la cola de poliA de los mismos y las proteínas aisladas se analizan usando técnicas proteómicas, o bien, mediante técnicas clásicas de biología molecular.

que la técnica BioID fue utilizada para detectar interacciones transitorias y próximas entre los factores de transcripción. Concretamente, esta técnica consiste en añadir una etiqueta compuesta por una enzima biotin-ligasa a la proteína de interés, permitiendo la biotinilación de proteínas que se encuentran muy cerca del factor estudiado (10 nm). Aplicando ambas técnicas pudieron determinar las interacciones de 1.536 y 6.703 proteínas, respectivamente. Este estudio proporciona un amplio recurso de interacciones de factores de transcripción humanos que ayudará a profundizar en el estudio del proceso de transcripción (Göös *et al.*, 2022).

5 MÉTODOS BASADOS EN LA INTERACCIÓN PROTEÍNA-RNA

La transcripción es el primer paso de la expresión génica. Sin embargo, en los últimos años, muchos grupos han establecido que la expresión génica no es un proceso lineal, sino que se trata de un proceso circular donde la síntesis y la degradación del mRNA se encuentran coordinadas para regular los niveles globales de mRNA y mantener un estado homeostático de equilibrio en un proceso que denominamos el *cross-talk* del mRNA (mRNA-CT). De esta manera, la propia maquinaria de transcripción de los mRNAs, la RNA pol II, influye en la degradación de los mismos a través su *imprinting* mediante su subunidad Rpb4. De la misma manera, se ha descrito que determinados elementos implicados en la degradación del mRNA podrían influir en su síntesis. Por tanto, las proteínas regulan la expresión génica controlando, no solo la biogénesis del mRNA, sino su localización, traducción y degradación. La identificación de la composición, diversidad y

139

función de los complejos proteína-mRNA (mRNPs) es esencial para elucidar la regulación de la expresión de los genes (Haimovich *et al.*, 2013; Medina *et al.*, 2014; Garrido-Godino *et al.*, 2016; Begley *et al.*, 2019; Blasco-Moreno *et al.*, 2019; Garrido-Godino *et al.*, 2022a; Garrido-Godino *et al.*, 2022b;).

En este sentido, son muchos los métodos y trabajos centrados en determinar la unión de proteínas al RNA. En 2012, Mitchell y colaboradores purificaron las proteínas unidas al mRNA tras su unión covalente *in vivo* usando luz ultravioleta en células de levadura (Figura 4). La purificación la realizaron mediante cromatografía de afinidad utilizando una resina con oligo(dT) para purificar RNA que contenía cola de poli(A). Tras la elución de los complejos RNA-proteína, el RNA se degradó y las proteínas fueron analizadas por cromatografía líquida seguida de espectrometría de masas. El ensayo de captura de RBP (*RNA binding-proteins*) dio como resultado 120 proteínas que copurifican con el mRNA, incluyendo proteínas previamente descritas con una función en alguna etapa del metabolismo del RNA, así como algunas proteínas cuya unión al RNA no había sido caracterizada previamente (Mitchell *et al.*, 2013).

Un método similar de UV-*crosslinking* y purificación de mRNA con oligo(dT) permitió determinar la unión de la subunidad Rpb4 de la RNA pol II al mRNA (Figura 4). Utilizando dicha metodología se pudo comprobar que la subunidad Rpb4 de la enzima entraba en contacto con el mRNA de nueva síntesis durante la transcripción, permaneciendo unido a él durante todo su ciclo de vida, influenciando la degradación del mismo (Garrido-Godino *et al.*, 2016) y modulando la interacción con otras proteínas de unión al mRNA (Garrido-Godino *et al.*, 2021a; Garrido-Godino *et al.*, 2022b).

6   CONCLUSIONES Y PERSPECTIVAS

De acuerdo con lo descrito a lo largo de este capítulo, podemos concluir que la identificación y estudio de la gran cantidad de proteínas y complejos proteicos implicados en la regulación de la transcripción, y en última instancia, en la regulación de todo el proceso de expresión génica, es inabarcable usando únicamente técnicas tradicionales de biología molecular. El desarrollo de técnicas proteómicas basadas en la espectrometría de masas acopladas al desarrollo de potentes herramientas bioinformáticas, ha supuesto un enorme avance en el campo de estudio de la transcripción. En los últimos años se han desarrollado multitud de procedimientos y aplicaciones generadas con objeto de determinar la composición proteica de la cromatina, las modificaciones postraduccionales que dichas proteínas puedan presentar, las interacciones existentes entre ellas, así como las interacciones existentes entre las proteínas y los RNAs, progresando enormemente en el conocimiento de procesos celulares esenciales como el mecanismo de transcripción y la regulación de la expresión génica. El desarrollo de estas metodologías, así como la implementación de otras nuevas, permitirá seguir profundizando en los procesos regulatorios de la transcripción en el futuro.

BIBLIOGRAFÍA

Adamus, K., Reboul, C., Voss, J., Huang, C., Schittenhelm, R. B., Le, S. N. y Elmlund, D. (2021). SAGA and SAGA-like SLIK transcriptional coactivators are structurally and biochemically equivalent. *Journal of Biological Chemistry, 296.*

Barba-Aliaga, M., Alepuz, P. y Pérez-Ortín, J. E. (2021). Eukaryotic RNA Polymerases: The Many Ways to Transcribe a Gene. *Frontiers in Molecular Biosciences, 8,* 66320.

Begley, V., Corzo, D., Jordán-Pla, A., Cuevas-Bermúdez, A., Miguel-Jiménez, L. d., Pérez-Aguado, D., ... Pérez-Ortín, J. E. (2019). The mRNA degradation factor Xrn1 regulates transcription elongation in parallel to Ccr4. *Nucleic acids research, 47*(18), 9524-9541.

Begley, V., Jordán-Pla, A., Peñate, X., Garrido-Godino, A. I., Challal, D., Cuevas-Bermúdez, A., ... Singh, A. (2021). Xrn1 influence on gene transcription results from the combination of general effects on elongating RNA pol II and gene-specific chromatin configuration. *RNA biology, 18*(9), 1310-1323.

Bharati, A. P., Singh, N., Kumar, V., Kashif, M., Singh, A. K., Singh, P., ... Akhtar, M. S. (2016). The mRNA capping enzyme of *Saccharomyces cerevisiae* has dual specificity to interact with CTD of RNA Polymerase II. *Scientific reports, 6*(1), 1-12.

Blasco-Moreno, B., de Campos-Mata, L., Böttcher, R., García-Martínez, J., Jungfleisch, J., Nedialkova, D. D., ... Pérez-Ortín, J. E. (2019). The exonuclease Xrn1 activates transcription and translation of mRNAs encoding membrane proteins. *Nature communications, 10*(1), 1-15.

Boulard, M., Bouvet, P., Kundu, T. K. y Dimitrov, S. (2007). Histone variant nucleosomes. *Chromatin and Disease,* 73-92.

Boulon, S., Pradet-Balade, B., Verheggen, C., Molle, D., Boireau, S., Georgieva, M., ... Bertrand, E. (2010). HSP90 and its R2TP/Prefoldin-like cochaperone are involved in the cytoplasmic assembly of RNA polymerase II. *Mol Cell, 39*(6), 912-924.

Bruckmann, A., Linnemann, J. y Pérez-Fernández, J. (2016). Purification of RNA Polymerase I-Associated Chromatin from Yeast Cells. *Methods in molecular biology (Clifton, N.J.), 1455,* 213–223.

Carre, C. y Shiekhattar, R. (2011). Human GTPases Associate with RNA Polymerase II To Mediate Its Nuclear Import. *Mol Cell Biol, 31*(19), 3953-3962.

Carrillo Oesterreich, F., Preibisch, S. y Neugebauer, K. M. (2010). Global analysis of nascent RNA reveals transcriptional pausing in terminal exons. *Mol Cell, 40*(4), 571-581.

Carty, S. M. y Greenleaf, A. L. (2002). Hyperphosphorylated C-terminal repeat domain-associating proteins in the nuclear proteome link transcription to DNA/chromatin modification and RNA processing. *Molecular & Cellular Proteomics, 1*(8), 598-610.

Chan, J. C. y Maze, I. (2020). Nothing is yet set in (hi) stone: novel post-translational modifications regulating chromatin function. *Trends in biochemical sciences, 45*(10), 829-844.

141

Choder, M. (2011). mRNA imprinting: Additional level in the regulation of gene expression. *Cell Logist, 1*(1), 37-40.

Choi, H., Larsen, B., Lin, Z.-Y., Breitkreutz, A., Mellacheruvu, D., Fermin, D., ... Nesvizhskii, A. I. (2011). SAINT: probabilistic scoring of affinity purification–mass spectrometry data. *Nature methods, 8*(1), 70-73.

Cuevas-Bermúdez, A., Garrido-Godino, A. I., Gutiérrez-Santiago, F. y Navarro, F. (2020). A Yeast Chromatin-enriched Fractions Purification Approach, yChEFs, from *Saccharomyces cerevisiae. Bio-Protocol, 10*(1). doi:10.21769/BioProtoc.3471

Cuevas-Bermúdez, A., Garrido-Godino, A. I. y Navarro, F. (2019). A novel yeast chromatin-enriched fractions purification approach, yChEFs, for the chromatin-associated protein analysis used for chromatin-associated and RNA-dependent chromatin-associated proteome studies from *Saccharomyces cerevisiae. Gene Reports, 16*, 100450.

Czudnochowski, N., Bösken, C. A. y Geyer, M. (2012). Serine-7 but not serine-5 phosphorylation primes RNA polymerase II CTD for P-TEFb recognition. *Nature communications, 3*(1), 842.

Dahan, N. y Choder, M. (2013). The eukaryotic transcriptional machinery regulates mRNA translation and decay in the cytoplasm. *Biochim Biophys Acta, 1829*(1), 169-173.

Daiß, J. L., Pilsl, M., Straub, K., Bleckmann, A., Höcherl, M., Heiss, F. B., ... Mars, J.-C. (2022). The human RNA polymerase I structure reveals an HMG-like docking domain specific to metazoans. *Life Science Alliance, 5*(11).

Dieci, G., Conti, A., Pagano, A. y Carnevali, D. (2012). Identification of RNA polymerase III-transcribed genes in eukaryotic genomes. *Biochim Biophys Acta.* doi:10.1016/j.bbagrm.2012.09.010

Dieci, G., Fiorino, G., Castelnuovo, M., Teichmann, M. y Pagano, A. (2007). The expanding RNA polymerase III transcriptome. *Trends Genet, 23*(12), 614-622.

Ebmeier, C. C., Erickson, B., Allen, B. L., Allen, M. A., Kim, H., Fong, N., ... Dowell, R. D. (2017). Human TFIIH kinase CDK7 regulates transcription-associated chromatin modifications. *Cell reports, 20*(5), 1173-1186.

Egloff, S., Dienstbier, M. y Murphy, S. (2012). Updating the RNA polymerase CTD code: adding gene-specific layers. *Trends Genet, 28*(7), 333-341.

Egloff, S., Zaborowska, J., Laitem, C., Kiss, T. y Murphy, S. (2012). Ser7 phosphorylation of the CTD recruits the RPAP2 Ser5 phosphatase to snRNA genes. *Mol Cell, 45*(1), 111-122.

Espejo, I., Di Croce, L. y Aranda, S. (2020). The changing chromatome as a driver of disease: A panoramic view from different methodologies. *BioEssays, 42*(12), 2000203.

Fischer, J., Song, Y. S., Yosef, N., di Iulio, J., Churchman, L. S. y Choder, M. (2020). The yeast exoribonuclease Xrn1 and associated factors modulate RNA polymerase II processivity in 5 'and 3 'gene regions. *Journal of Biological Chemistry, 295*(33), 11435-11454.

Forget, D., Lacombe, A. A., Cloutier, P., Al-Khoury, R., Bouchard, A., Lavallee-Adam, M., ... Coulombe, B. (2010). The protein interaction network of the human transcription machinery reveals a role for the conserved GTPase RPAP4/GPN1 and microtubule assembly in nuclear import and biogenesis of RNA polymerase II. *Mol Cell Proteomics, 9*(12), 2827-2839.

Forget, D., Lacombe, A. A., Cloutier, P., Lavallee-Adam, M., Blanchette, M. y Coulombe, B. (2013). Nuclear import of RNA polymerase II is coupled with nucleocytoplasmic shuttling of the RNA polymerase II-associated protein 2. *Nucleic Acids Res, 41*(14), 6881-6891.

Garrido-Godino, A., García-López, M., García-Martínez, J., Pelechano, V., Medina, D., Pérez-Ortín, J. y Navarro, F. (2016). Rpb1 foot mutations demonstrate a major role of Rpb4 in mRNA stability during stress situations in yeast. *Biochimica et Biophysica Acta (BBA)-Gene Regulatory Mechanisms, 1859*(5), 731-743.

Garrido-Godino, A., Martín-Expósito, M., Gutiérrez-Santiago, F., Pérez-Fernández, J. y Navarro, F. (2022). Rpb4/7, a key element of RNA pol II to coordinate mRNA synthesis in the nucleus with cytoplasmic functions in *Saccharomyces cerevisiae. Biochimica et Biophysica Acta (BBA)-Gene Regulatory Mechanisms, 1865*(5), 194846.

Garrido-Godino, A. I., Cuevas-Bermúdez, A., Gutiérrez-Santiago, F., Mota-Trujillo, M. d. C. y Navarro, F. (2022). The Association of Rpb4 with RNA Polymerase II Depends on CTD Ser5P Phosphatase Rtr1 and Influences mRNA Decay in *Saccharomyces cerevisiae. International journal of molecular sciences, 23*(4), 2002.

Garrido-Godino, A. I., Gupta, I., Gutiérrez-Santiago, F., Martínez-Padilla, A. B., Alekseenko, A., Steinmetz, L. M., ... Navarro, F. (2021). Rpb4 and Puf3 imprint and post-transcriptionally control the stability of a common set of mRNAs in yeast. *RNA biology, 18*(8), 1206-1220.

Garrido-Godino, A. I., Gutiérrez-Santiago, F. y Navarro, F. (2021). Biogenesis of RNA Polymerases in Yeast. *Frontiers in Molecular Biosciences, 8*, 669300.

Göös, H., Kinnunen, M., Salokas, K., Tan, Z., Liu, X., Yadav, L., ... Varjosalo, M. (2022). Human transcription factor protein interaction networks. *Nature communications, 13*(1), 766.

Grant, P. A., Schieltz, D., Pray-Grant, M. G., Steger, D. J., Reese, J. C., Yates III, J. R. y Workman, J. L. (1998). A subset of TAFIIs are integral components of the SAGA complex required for nucleosome acetylation and transcriptional stimulation. *Cell, 94*(1), 45-53.

Haag, J. R. y Pikaard, C. S. (2011). Multisubunit RNA polymerases IV and V: purveyors of non-coding RNA for plant gene silencing. *Nat Rev Mol Cell Biol, 12*(8), 483-492.

Hahn, S. y Young, E. T. (2011). Transcriptional regulation in *Saccharomyces cerevisiae:* transcription factor regulation and function, mechanisms of initiation, and roles of activators and coactivators. *Genetics, 189*(3), 705-736.

Haimovich, G., Medina, D. A., Causse, S. Z., Garber, M., Millan-Zambrano, G., Barkai, O., ... Choder, M. (2013). Gene expression is circular: factors for mRNA degradation also foster mRNA synthesis. *Cell, 153*(5), 1000-1011.

Han, Y., Luo, J., Ranish, J. y Hahn, S. (2014). Architecture of the *Saccharomyces cerevisiae* SAGA transcription coactivator complex. *The EMBO journal, 33*(21), 2534-2546.

Harel-Sharvit, L., Eldad, N., Haimovich, G., Barkai, O., Duek, L. y Choder, M. (2010). RNA Polymerase II Subunits Link Transcription and mRNA Decay to Translation. *Cell, 143*(4), 552-563.

Hierlmeier, T., Merl, J., Sauert, M., Pérez-Fernández, J., Schultz, P., Bruckmann, A., ... Jacob, A. (2013). Rrp5p, Noc1p and Noc2p form a protein module which is part of early large ribosomal subunit precursors in *S. cerevisiae*. *Nucleic acids research, 41*(2), 1191-1210.

Hsu, P. L., Yang, F., Smith-Kinnaman, W., Yang, W., Song, J.-E., Mosley, A. L. y Varani, G. (2014). Rtr1 is a dual specificity phosphatase that dephosphorylates Tyr1 and Ser5 on the RNA polymerase II CTD. *Journal of molecular biology, 426*(16), 2970-2981.

James, P. (1997). Protein identification in the post-genome era: the rapid rise of proteomics. *Quarterly reviews of biophysics, 30*(4), 279-331.

Jasnovidova, O. y Stefl, R. (2013). The CTD code of RNA polymerase II: a structural view. *Wiley Interdiscip Rev RNA, 4*(1), 1-16.

Jennebach, S., Herzog, F., Aebersold, R. y Cramer, P. (2012). Crosslinking-MS analysis reveals RNA polymerase I domain architecture and basis of rRNA cleavage. *Nucleic Acids Res, 40*(12), 5591-5601.

Jeronimo, C., Forget, D., Bouchard, A., Li, Q., Chua, G., Poitras, C., ... Coulombe, B. (2007). Systematic analysis of the protein interaction network for the human transcription machinery reveals the identity of the 7SK capping enzyme. *Mol Cell, 27*(2), 262-274.

Jeronimo, C., Langelier, M. F., Zeghouf, M., Cojocaru, M., Bergeron, D., Baali, D., ... Coulombe, B. (2004). RPAP1, a novel human RNA polymerase II-associated protein affinity purified with recombinant wild-type and mutated polymcrase subunits. *Mol Cell Biol, 24*(16), 7043-7058.

Jiang, H., Wolgast, M., Beebe, L. M. y Reese, J. C. (2019). Ccr4–Not maintains genomic integrity by controlling the ubiquitylation and degradation of arrested RNAPII. *Genes & Development, 33*(11-12), 705-717.

Jüttner, M. y Ferreira-Cerca, S. (2022). A comparative perspective on ribosome biogenesis: unity and diversity across the tree of life. *Ribosome Biogenesis: Methods and Protocols*, 3-22.

Kachaev, Z. M., Lebedeva, L. A., Kozlov, E. N. y Shidlovskii, Y. V. (2020). Interplay of mRNA capping and transcription machineries. *Bioscience reports*. 40(1):BSR20192825.

Kelly, W. G., Dahmus, M. E. y Hart, G. W. (1993). RNA polymerase II is a glycoprotein. Modification of the COOH-terminal domain by O-GlcNAc. *J Biol Chem, 268*(14), 10416-10424.

Khan, N., Shahid, S. y Asif, A. R. (2021). Current Analytical Strategies in Studying Chromatin-Associated-Proteome (Chromatome). *Molecules, 26*(21), 6694.

Köcher, T. y Superti-Furga, G. (2007). Mass spectrometry–based functional proteomics: from molecular machines to protein networks. *Nature methods, 4*(10), 807-815.

Kornberg, R. D. (1974). Chromatin Structure: A Repeating Unit of Histones and DNA: Chromatin structure is based on a repeating unit of eight histone molecules and about 200 DNA base pairs. *Science, 184*(4139), 868-871.

Kouzarides, T. (2007). Chromatin modifications and their function. *Cell, 128*(4), 693-705.

Krogan, N. J., Cagney, G., Yu, H., Zhong, G., Guo, X., Ignatchenko, A., ... Greenblatt, J. F. (2006). Global landscape of protein complexes in the yeast *Saccharomyces cerevisiae*. *Nature, 440*(7084), 637-643.

Krogan, N. J., Kim, M., Ahn, S. H., Zhong, G., Kobor, M. S., Cagney, G., ... Greenblatt, J. F. (2002). RNA polymerase II elongation factors of *Saccharomyces cerevisiae*: a targeted proteomics approach. *Mol Cell Biol, 22*(20), 6979-6992.

Lambert, J.-P., Mitchell, L., Rudner, A., Baetz, K. y Figeys, D. (2009). A Novel Proteomics Approach for the Discovery of Chromatin-associated Protein Networks* S. *Molecular & Cellular Proteomics, 8*(4), 870-882.

Lambert, J. P., Fillingham, J., Siahbazi, M., Greenblatt, J., Baetz, K. y Figeys, D. (2010). Defining the budding yeast chromatin-associated interactome. *Mol Syst Biol, 6*, 448.

Längst, G. y Manelyte, L. (2015). Chromatin remodelers: from function to dysfunction. *Genes, 6*(2), 299-324.

Laribee, R. N., Hosni-Ahmed, A., Workman, J. J. y Chen, H. (2015). Ccr4-not regulates RNA polymerase I transcription and couples nutrient signaling to the control of ribosomal RNA biogenesis. *PLoS genetics, 11*(3), e1005113.

Lewis, B. A., Burlingame, A. L. y Myers, S. A. (2016). Human RNA polymerase II promoter recruitment in vitro is regulated by O-linked N-acetylglucosaminyltransferase (OGT). *Journal of Biological Chemistry, 291*(27), 14056-14061.

Liang, C. y Stillman, B. (1997). Persistent initiation of DNA replication and chromatin-bound MCM proteins during the cell cycle in cdc6 mutants. *Genes Dev, 11*(24), 3375-3386.

Liu, X., Xie, D., Hua, Y., Zeng, P., Ma, L. y Zeng, F. (2020). Npa3 interacts with Gpn3 and assembly factor Rba50 for RNA polymerase II biogenesis. *The FASEB Journal, 34*(11), 15547-15558.

Lynch, C. J., Bernad, R., Calvo, I., Nóbrega-Pereira, S., Ruiz, S., Ibarz, N., ... Andrés-León, E. (2018). The RNA polymerase II factor RPAP1 is critical for mediator-driven transcription and cell identity. *Cell reports, 22*(2), 396-410.

Mahrez, W., Arellano, M. S. T., Moreno-Romero, J., Nakamura, M., Shu, H., Nanni, P., ... Hennig, L. (2016). H3K36ac is an evolutionary conserved plant histone modification that marks active genes. *Plant physiology, 170*(3), 1566-1577.

Medina, D. A., Jordán-Pla, A., Millán-Zambrano, G., Chávez, S., Choder, M. y Pérez-Ortín, J. E. (2014). Cytoplasmic 5'-3' exonuclease Xrn1p is also a genome-wide transcription factor in yeast. *Frontiers in genetics, 5*, 1.

Mellacheruvu, D., Wright, Z., Couzens, A. L., Lambert, J.-P., St-Denis, N. A., Li, T., ... Low, T. Y. (2013). The CRAPome: a contaminant repository for affinity purification–mass spectrometry data. *Nature methods, 10*(8), 730-736.

Mirón-García, M. C., Garrido-Godino, A. I., García-Molinero, V., Hernández-Torres, F., Rodríguez-Navarro, S. y Navarro, F. (2013). The prefoldin bud27 mediates the assembly of the eukaryotic RNA polymerases in an rpb5-dependent manner. *PLoS genetics, 9*(2), e1003297.

Mitchell, S. F., Jain, S., She, M. y Parker, R. (2013). Global analysis of yeast mRNPs. *Nat Struct Mol Biol, 20*(1), 127-133.

Mosley, A. L., Pattenden, S. G., Carey, M., Venkatesh, S., Gilmore, J. M., Florens, L., ... Washburn, M. P. (2009). Rtr1 is a CTD phosphatase that regulates RNA polymerase II during the transition from serine 5 to serine 2 phosphorylation. *Mol Cell, 34*(2), 168-178.

Moss, T., Langlois, F., Gagnon-Kugler, T. y Stefanovsky, V. (2007). A housekeeper with power of attorney: the rRNA genes in ribosome biogenesis. *Cell Mol Life Sci, 64*(1), 29-49.

Nemec, C. M., Yang, F., Gilmore, J. M., Hintermair, C., Ho, Y.-H., Tseng, S. C., ... Gasch, A. P. (2017). Different phosphoisoforms of RNA polymerase II engage the Rtt103 termination factor in a structurally analogous manner. *Proceedings of the National Academy of Sciences, 114*(20), E3944-E3953.

Nonet, M., Sweetser, D. y Young, R. A. (1987). Functional redundancy and structural polymorphism in the large subunit of RNA polymerase II. *Cell, 50*(6), 909-915.

Pérez-Ortín, J. E., Alepuz, P., Chávez, S. y Choder, M. (2013). Eukaryotic mRNA decay: methodologies, pathways, and links to other stages of gene expression. *Journal of molecular biology, 425*(20), 3750-3775.

Petty, E. y Pillus, L. (2013). Balancing chromatin remodeling and histone modifications in transcription. *TRENDS in Genetics, 29*(11), 621-629.

Rothbart, S., Dickson, B., Raab, J., Grzybowski, A., Krajewski, K., Guo, A., ... áDavid Allis, C. (2015). An interactive database for the assessment of histone antibody specificity. *Molecular cell, 59*(3), 502-511.

Saettone, A., Nabeel-Shah, S., Garg, J., Lambert, J.-P., Pearlman, R. E. y Fillingham, J. (2019). Functional proteomics of nuclear proteins in Tetrahymena thermophila: a review. *Genes, 10*(5), 333.

Shalem, O., Groisman, B., Choder, M., Dahan, O. y Pilpel, Y. (2011). Transcriptome kinetics is governed by a genome-wide coupling of mRNA production and degradation: a role for RNA Pol II. *PLoS Genet, 7*(9), e1002273.

Shandilya, J. y Roberts, S. G. (2012). The transcription cycle in eukaryotes: From productive initiation to RNA polymerase II recycling. *Biochim Biophys Acta, 1819*(5), 391-400.

Sigismondo, G., Papageorgiou, D. N. y Krijgsveld, J. (2022). Cracking chromatin with proteomics: From chromatome to histone modifications. *Proteomics, 22*(15-16), 2100206.

Singh, N., Asalam, M., Ansari, M. O., Gerasimova, N. S., Studitsky, V. M. y Akhtar, M. S. (2022). Transcription by RNA polymerase II and the CTD-chromatin crosstalk. *Biochemical and biophysical research communications, 599*, 81–86.

Spain, M. M. y Govind, C. K. (2011). A role for phosphorylated Pol II CTD in modulating transcription coupled histone dynamics. *Transcription, 2*(2), 78-81.

Staresincic, L., Walker, J., Dirac-Svejstrup, A. B., Mitter, R. y Svejstrup, J. Q. (2011). GTP-dependent binding and nuclear transport of RNA polymerase II by Npa3 protein. *Journal of Biological Chemistry, 286*(41), 35553-35561.

Svetlov, V. y Nudler, E. (2013). Basic mechanism of transcription by RNA polymerase II. *Biochim Biophys Acta, 1829*(1), 20-28.

Tuck, A. C. y Tollervey, D. (2011). RNA in pieces. *Trends Genet, 27*(10), 422-432.

Venters, B. J. y Pugh, B. F. (2009). How eukaryotic genes are transcribed. *Crit Rev Biochem Mol Biol, 44*(2-3), 117-141.

Wallace, E. W. y Beggs, J. D. (2017). Extremely fast and incredibly close: cotranscriptional splicing in budding yeast. *RNA, 23*(5), 601-610.

Wenger, C. D., Phanstiel, D. H., Lee, M. V., Bailey, D. J. y Coon, J. J. (2011). COMPASS: A suite of pre-and post-search proteomics software tools for OMSSA. *Proteomics, 11*(6), 1064-1074.

Zeng, F., Hua, Y., Liu, X., Liu, S., Lao, K., Zhang, Z. y Kong, D. (2018). Gpn2 and Rba50 directly participate in the assembly of the Rpb3 subcomplex in the biogenesis of RNA polymerase II. *Molecular and cellular biology, 38*(13), e00091-00018.

Zhao, Y. y García, B. A. (2015). Comprehensive catalog of currently documented histone modifications. *Cold Spring Harbor Perspectives in Biology, 7*(9), a025064.

1.   Responda verdadero o falso a las siguientes cuestiones:
     a. La regulación de la transcripción la llevan a cabo las proteínas implicadas en la iniciación, elongación y terminación de la transcripción.
     b. La maquinaria transcripcional de la RNA pol I es la más compleja de las tres RNA polimerasas eucariotas.
     c. Proteínas implicadas en diversas etapas del ciclo de vida del mRNA pueden actuar como reguladores de la transcripción.

2.   Seleccione la respuesta correcta:
     a. La cromatina normalmente precipita durante la preparación de extractos celulares debido a su gran tamaño.
     b. La cromatina normalmente precipita durante la preparación de extractos celulares debido a su carga.
     c. Los macrocomplejos formados por proteínas y DNA suelen ser insolubles.
     d. La fragmentación de la cromatina solubiliza los complejos proteína-DNA para mejorar su aislamiento.
     e. Todas son correctas.

3.   Verdadero o Falso:
     a. El "código de las histonas" es el responsable de la regulación de la transcripción.
     b. Las hPTMs se estudian fundamentalmente mediante el uso de anticuerpos específicos.
     c. La espectrometría de masas es ideal para confirmar la presencia de hPTMs conocidas e identificar otras nuevas.

4.   Elija la respuesta correcta:
     a. La espectrometría de masas (MS) permite discriminar modificaciones postraduccionales diferentes que ocurren en el mismo péptido.
     b. La espectrometría de masas permite discriminar modificaciones postraduccionales iguales que ocurren en el mismo péptido.
     c. Los métodos basados en espectrometría de masas permiten la localización de sitios modificados en las proteínas.
     d. a, b y c son correctas.

5.   Los complejos proteicos purificados mediante cromatografía de afinidad pueden analizarse por:
     a. Espectrometría de masas
     b. SDS-PAGE
     c. *Western-blot*
     d. Todas las anteriores

6. Verdadero o falso: Los métodos de marcaje isobárico para proteómica comparativa permiten el análisis simultáneo de varias muestras mediante espectrometría de masas.

7. El interactoma fosfo-específico del CTD se ha caracterizado:
   a. Con estudios *in vivo*.
   b. Con sistemas *in vitro*.
   c. Ambas respuestas son correctas.

8. Indica las afirmaciones correctas sobre los estudios de espectrometría de masas estructural de la RNA pol I:
   a. Utilizan *crosslinking* de residuos lisina-lisina próximas estructuralmente.
   b. Detectan las uniones lisina-lisina mediante el uso de anticuerpos específicos.
   c. Las uniones lisina-lisina detectadas sirven para posicionar entre sí estructuras cristalográficas previas de distintos subcomplejos.
   d. Crean un modelo estructural cristalográfico sobre la arquitectura del complejo enzimático.

9. Verdadero o falso: Las técnicas de purificación por afinidad seguidas de espectrometría de masas han sido esenciales en el desarrollo de mapas de interacción entre factores de transcripción y reguladores transcripcionales.

10. Verdadero o falso:
    a. El RNA naciente debe ser degradado para el estudio del proteoma asociado a la cromatina.
    b. El estudio de proteínas asociadas al RNA puede ser útil para elucidar la regulación de la expresión génica.

Respuestas correctas
1A-F, 1B-F, 1C-V, 2-E, 3A-F, 3B-V, 3C-V, 4-D, 5-D, 6-V, 7-C, 8-ACD, 9V, 10A-F, 10B-V.

Agradecimientos

Agradecemos al Dr. Francisco Navarro Gómez por su útil discusión.